Python
机器学习实战

Python Machine Learning
By Example

刘宇熙（Hayden Liu）著

杜春晓 译

人民邮电出版社

北京

图书在版编目（ＣＩＰ）数据

Python机器学习实战 / 刘宇熙著 ；杜春晓译. --
北京 ：人民邮电出版社，2021.2（2022.8重印）
ISBN 978-7-115-49385-9

Ⅰ．①P… Ⅱ．①刘… ②杜… Ⅲ．①软件工具—程序
设计 Ⅳ．①TP311.561

中国版本图书馆CIP数据核字(2018)第218137号

版 权 声 明

◆ 著　　　　刘宇熙（Hayden Liu）

　　译　　　　杜春晓

　　责任编辑　武晓燕

　　责任印制　王　郁　焦志炜

◆ 人民邮电出版社出版发行　　北京市丰台区成寿寺路 11 号

　　邮编　100164　　电子邮件　315@ptpress.com.cn

　　网址　https://www.ptpress.com.cn

　　北京九州迅驰传媒文化有限公司印刷

◆ 开本：800×1000　1/16

　　印张：14.5　　　　　　　　　　　2021 年 2 月第 1 版

　　字数：277 千字　　　　　　　　 2022 年 8 月北京第 4 次印刷

　　　　　　　著作权合同登记号　图字：01-2017-9016 号

定价：69.00 元

读者服务热线：(010)81055410　印装质量热线：(010)81055316
反盗版热线：(010)81055315
广告经营许可证：京东市监广登字 20170147 号

内容提要

　　机器学习是近年来比较热门的一个领域，Python 语言经过一段时间的发展也已成为主流的编程语言之一。本书结合了机器学习和 Python 语言两个热门的领域，通过实用案例来详细讲解机器学习的相关知识，以便更好地引起读者的阅读兴趣并帮助读者理解相关内容。

　　全书共有 8 章。第 1 章讲解了 Python 和机器学习的基础知识，第 2~7 章通过多个案例详细讲解了文本分析算法、朴素贝叶斯、支持向量机、对率回归及回归算法等知识，案例主要包括探索新闻组数据集、检测垃圾邮件、微新闻话题分类、预测点击率以及预测股价等。第 8 章是最佳实践，主要介绍机器学习方案的整个工作流的最佳实践。

　　本书适合 Python 程序员、数据分析人员、机器学习领域的从业人员以及对算法感兴趣的读者阅读。

作者简介

刘宇熙是加拿大多伦多市一家跨国网络媒体公司的数据科学家，他从事消息应用优化工作。他的研究方向是社交网络挖掘、社交个性化（social personalization）、用户人口统计学特征和兴趣预测、垃圾信息监测和推荐系统。他曾在多家程序化广告投放公司工作，担任数据科学家职位，他将机器学习专业知识应用于广告优化、点击率和转化率预测、点击欺诈检测等。Yuxi 拥有多伦多大学的硕士学位，研究生期间曾发表过 5 篇 IEEE 期刊文章和会议论文。他喜欢爬取网络数据，并从中获取有价值的信息。他还热衷于投资。

审稿人简介

阿尔贝托·博斯凯帝（Alberto Boschetti）是一名数据科学家，他的专长是信号处理和统计学。他拥有通信工程博士学位，目前在伦敦生活和工作。他每天都要面对自然语言处理（Natural Language Processing，NLP）、机器学习和分布式处理方面的挑战。他对工作充满激情，紧跟数据科学技术的最新进展，不断更新自己的知识，经常参加相关聚会、会议和其他活动。他著有 *Python Data Science Essentials*、*Regression Analysis with Python* 和 *Large Scale Machine Learning with Python* 等图书，以上图书均由 Packt 出版。

他想说："感谢我的家人、朋友和同事。感谢开源社区。"

译者序

26 年前，Python 发布了 1.0 版本。20 多年来，它全面发展，终成为一门通用型编程语言。在科学计算方面，它建立了完善的生态系统：（高性能）数值计算、数据可视化、并行和分布式计算、（大）数据存储、人工智能、机器学习、贝叶斯统计、生物信息学、地理信息学、符号数学、数论和量子系统等领域。在这些领域，Python 都有相关的库或包。再来看机器学习，如今以深度学习为代表的统计机器学习，20 年前已是机器学习的主流，但最近几年才真正火起来，走入大众视野。机器学习俨然成为数据技术时代的一门基础学科、一门显学。Python 和机器学习的结合，在一定程度上降低了这一学科的入门难度。

机器学习有着广阔的应用前景，读到这里想必你已摩拳擦掌，跃跃欲试。本书就是要带你跑步进入 Python 机器学习的广阔世界，让你一览 Python 机器学习全景。本书将用机器学习的基础概念、完整工作流和最佳实践武装你，为你进一步学习深度学习等更深奥的技术打下基础。本书第 1 章统领全书，介绍 Python、机器学习的基本概念和开发环境 Anaconda。考虑到数据预处理占据机器学习工作量的大头，第 2 章通过新闻组数据集文本分析这个例子，介绍了自然语言处理、数据获取、特征抽取和数据预处理等技术。后续几章，讲解了机器学习的两大任务——分类和回归，涉及的算法有朴素贝叶斯、支持向量机、决策树、随机森林、对率回归等。作者使用的数据集有新闻组语料、安然邮件、胎心宫缩监护数据、Kaggle 广告点击率预测数据和道琼斯工业指数。第 8 章介绍了机器学习工程的 18 个最佳实践，为你投入生产环境做好铺垫。

　　本书的一大特点是，在讲解算法的原理和用 scikit-learn 库封装好的方法实现算法之前，先通过几个例子，教会你具体的计算方法，让你手动实现算法。例如，讲解决策树算法之前，先教你怎么计算基尼不纯度、信息增益和熵。跟着作者的思路，拿张纸写下计算步骤，你就能彻底理解如何选取决策节点，逐层构造决策树。本书的另一特点是，书中的代码比较连贯，可直接粘贴到 Jupyter Notebook 中运行，这一点对初学者非常有帮助。当然，本书还是假定读者有一定的 Python 基础。此外，作者对公式的使用也比较克制，不会动不动拿公式来吓唬你。但你若是对公式实在感兴趣，读完本书后，可研读高维数据统计学等更偏数理统计的图书。

　　近几年，Python 和机器学习逐渐升温，尤其是在过去的几年，深度学习、TensorFlow 框架、NIPS 大会、Kaggle 竞赛等专业性很强的词语借助媒体铺天盖地地宣传，深入人心。其实，前几年也有一些词很热，比如云计算、移动互联网等。今天再回头看这些词，发现它们已成为信息基础设施的一部分。开发者使用的虚拟主机、视频存储空间、自然语言翻译和人脸识别服务等，无一不是云计算产品。移动互联网也已在我们的生产和生活中发力。如今外出，只需带一部手机，就能搞定问路、购票、打车、预订酒店和就餐等一系列复杂事项，这在几年前还做不到。所以，一项技术若有可能为生产力赋能，它就会很快由热词转化为实实在在的产品或服务。当非洲农民通过用 TensorFlow 驱动的手机应用来检测粮食作物槽有无遭受病害时，我们是不是会由衷地赞叹科技的力量？当这些技术不再热的时候，它们并未消亡，而是已走向成熟。Python 和机器学习，也绝不是来蹭热点的，而是数据技术时代发展选择了它们。不管未来如何，今天开始学 Python 机器学习是一个很不错的选择！最好有点紧迫感，要知道小学生都开始学 Python 了！

　　感谢大洋彼岸的刘宇熙为 Python 社区贡献了一本机器学习的入门佳作。翻译过程，我向宇熙请教过多次问题。记得有次，他在上班途中，书没在身边，就让我发他截图，我发过之后，他很快就回复了我，再次向他表示诚挚的谢意。感谢人民邮电出版社陈冀康、武晓燕等为本书的编校排默默付出的各位编辑。翻译期间，我有幸旁听了北大的神经网络与深度学习、自然语言处理和计量经济学的部分内容，听到了很多新鲜的机器学习、自然语言处理概念和数学知识，在此一并表示衷心的感谢。感谢北京谷歌开发区社区举办的 TensorFlow 开发者峰会回顾活动。

　　本人学识有限，且时间仓促，书中翻译错误、不当和疏漏之处在所难免，敬请读者批评指正。

杜春晓

2020 年 5 月 23 日

译者简介

　　杜春晓，现就职于国家新闻出版广电总局出版融合发展（外研社）重点实验室，从事基于大数据的双语通识阅读生态体系建设工作，担任爱洋葱阅读产品经理。他在曲阜师范大学获得英语语言文学学士，在北京大学获得软件工程硕士学位。他的其他译著有《Python数据挖掘入门与实践》《Python 数据分析实战》《机器学习 Web 应用》《电子达人——我的第一本 Raspberry Pi 入门手册》《可穿戴设备设计》等。工作之余，他喜欢到大学旁听课程、听讲座，是 PyCon 北京的忠实听众。新浪微博：@宜_生。

前言

如今，数据科学和机器学习高居技术领域热词榜的前几位。人们重新燃起对机器学习的兴趣，同样的原因，数据挖掘和贝叶斯分析比以往更受欢迎。本书将带你步入机器学习的殿堂。

本书主要内容

第 1 章：开始 Python 和机器学习之旅，本章是渴望进入 Python 机器学习领域的读者的起点。学完本章，你将熟悉 Python 和机器学习的基础知识，并在自己机器上安装和配置好必备的软件。

第 2 章：用文本分析算法探索 20 个新闻组数据集，本章解释数据获取、数据的特征和预处理等重要概念，还涵盖了降维技术、主成分分析和 k 近邻算法。

第 3 章：用朴素贝叶斯检测垃圾邮件，本章涵盖了分类、朴素贝叶斯及其详细的实现方法、分类性能评估、模型选择和调试、交叉检验。本章还会讲解垃圾邮件检测等例子。

第 4 章：用支持向量机为新闻话题分类，本章涵盖了多分类、支持向量机及其在新闻话题分类中的用法。本章还讨论了内核技术、过拟合和正则化等重要概念。

第 5 章：用基于树的算法预测点击率，本章通过解决广告点击率预测问题，深入讲解决策树和随机森林。

第 6 章：用对率回归预测点击率，本章深入讲解了对率回归分类器。本章还详细介绍了类别型变量编码、L1 和 L2 正则化、特征选择、线上学习和随机梯度下降等概念。

第 7 章：用回归算法预测股价，本章分析如何用 Yahoo/Google 财经这类数据和其他可能的附加数据来预测股市行情。本章还介绍了股价预测的难点，并简要解释了相关概念。

第 8 章：最佳实践，本章旨在帮你查缺补漏，弥补先前章节学习的不足，做好一头扎入生产环节的准备。

认真学习和实践本书讲解的多个项目之后，读者将对 Python 机器学习生态系统有全面的认识。

软硬件要求

- scikit-learn 0.18.0

- NumPy 1.1

- Matplotlib 1.5.1

- NLTK 3.2.2

- pandas 0.19.2

- GraphViz

- Quandl Python API

你可以用 64 位架构、CPU 频率为 2GHz、RAM 容量为 8GB 的机器来完成本书所有程序的开发。此外，你至少需要 8GB 的硬盘空间。

目标读者

本书是写给渴望学习用机器学习方法研究数据科学的读者，读者应具备基本的 Python 编程知识。

体例约定

本书使用不同的文本样式来区分不同类别的内容，以下是常用样式及其用途说明。

正文中的代码、数据库表名、文件夹名、文件名、文件扩展名、路径名、URL 地址、用户输入的内容和 Twitter 用户名，显示方式如下：

"键 target_names 给出了 20 个新闻组的名称。"

所有的命令行输入或输出，均使用下面这种样式：

```
ls -l enron1/ham/*.txt | wc -l
3672
ls -l enron1/spam/*.txt | wc -l
1500
```

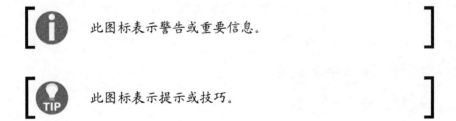

此图标表示警告或重要信息。

此图标表示提示或技巧。

读者反馈

我们热忱地欢迎读者朋友给予反馈，告诉我们你对这本书的所思所想——你喜欢或不喜欢哪些内容。大家的反馈对我们来说至关重要，将帮助我们生产读者真正需要的内容。

如果你有一般性建议的话，请发邮件至 feedback@packtpub.com，请在邮件主题中写清楚书的名称。

如果你是某一方面的专家，对某个主题特别感兴趣，有意向自己创作或是与别人合著一本书，请到 Packt 官网查阅我们为作者准备的帮助文档。

客户支持

为自己拥有一本 Packt 出版的书而自豪吧！为了让你的书物有所值，我们还为你准备了以下内容。

下载示例代码

如果你是从 Packt 官网网站购买的图书，用自己的账号登录后，可以下载所有已购图书的示例代码。如果你是从其他地方购买的，请访问 Packt 网站并注册[①]，我们会用邮件把代码文件直接发给你。

代码文件下载步骤如下：

（1）用邮箱和密码登录或注册我们的网站；

（2）鼠标指针移动到页面顶部的 **SUPPORT** 选项卡下；

（3）单击 **Code Downloads & Errata**；

（4）在搜索框 **Search** 中输入书名；

（5）选择你要下载代码文件的图书；

（6）从下拉菜单中选择你从何处购买该书；

（7）单击 **Code Download** 下载代码文件。

代码下载后，请确保用以下解压工具的最新版本，解压或抽取文件。

- Windows 用户：WinRAR / 7-Zip。

- Mac 用户：Zipeg / iZip / UnRarX。

- Linux 用户：7-Zip / PeaZip。

本书的代码包也可在异步社区上下载。

---

① 注册时，输入验证码环节可能会遇到问题，验证码所用接口在国内无法访问。配套代码文件可到异步社区（http://www.epubit.com.cn）本书主页下载，而不用去 Packt 网站下载。——译者注

勘误表

即使我们竭尽所能来保证图书内容的正确性，错误也在所难免。如果你在我们出版的任何一本书中发现错误——可能是在文本或代码中——倘若你能告诉我们，我们将会非常感激。你的善举足以减少其他读者在阅读出错位置时的纠结和不快，帮助我们在后续版本中更正错误。如果你发现任何错误[①]，请访问 Packt 官网，选择相应书籍，单击"Errata Submission Form"链接，输入错误之处的具体信息。你提交的错误得到验证后，我们就会接受你的建议，该处错误信息将会上传到我们网站或添加到已有勘误表的相应位置。

访问 Packt 官网，在搜索框中输入书名，可查看该书已有的勘误信息。这部分信息会在 Errata 部分显示。

关于盗版行为

所有媒体在互联网上都面临的一个问题就是侵权。对 Packt 来说，我们严格保护我们的版权和许可证。如果你在网上发现针对我们出版物的任何形式的盗版产品，请立即告知我们地址或网站名称，以便我们进行补救。

请将盗版书籍的网址发送到 copyright@packtpub.com。

你这么做，就是在保护我们的作者，保护我们，只有这样我们才能继续以优质内容回馈像你这样热心的读者。

疑问解答

你对本书有任何方面的问题，都可以通过 questions@packtpub.com 邮箱联系我们，我们也将尽最大努力来帮你答疑解惑。

---

① 阅读本书时发现错误，可到异步社区（http://www.epubit.com/）本书主页提交勘误。——译者注

资源与支持

本书由异步社区出品，社区（https://www.epubit.com/）为您提供相关资源和后续服务。

配套资源

本书提供如下资源：

- 本书源代码。

要获得以上配套资源，请在异步社区本书页面中单击 配套资源 ，跳转到下载界面，按提示进行操作即可。注意：为保证购书读者的权益，该操作会给出相关提示，要求输入提取码进行验证。

提交勘误

作者和编辑尽最大努力来确保书中内容的准确性，但难免会存在疏漏。欢迎您将发现的问题反馈给我们，帮助我们提升图书的质量。

当您发现错误时，请登录异步社区，按书名搜索，进入本书页面，单击"提交勘误"，输入勘误信息，单击"提交"按钮即可。本书的作者和编辑会对您提交的勘误进行审核，确认并接受后，您将获赠异步社区的 100 积分。积分可用于在异步社区兑换优惠券、样书或奖品。

扫码关注本书

扫描下方二维码，您将会在异步社区微信服务号中看到本书信息及相关的服务提示。

与我们联系

我们的联系邮箱是 contact@epubit.com.cn。

如果您对本书有任何疑问或建议，请您发邮件给我们，并请在邮件标题中注明本书书名，以便我们更高效地做出反馈。

如果您有兴趣出版图书、录制教学视频，或者参与图书翻译、技术审校等工作，可以发邮件给我们；有意出版图书的作者也可以到异步社区在线提交投稿（直接访问www.epubit.com/selfpublish/submission 即可）。

如果您所在的学校、培训机构或企业想批量购买本书或异步社区出版的其他图书，也可以发邮件给我们。

如果您在网上发现有针对异步社区出品图书的各种形式的盗版行为，包括对图书全部或部分内容的非授权传播，请您将怀疑有侵权行为的链接发邮件给我们。您的这一举动是对作者权益的保护，也是我们持续为您提供有价值的内容的动力之源。

关于异步社区和异步图书

"异步社区"是人民邮电出版社旗下 IT 专业图书社区，致力于出版精品 IT 技术图书和相关学习产品，为作译者提供优质出版服务。异步社区创办于 2015 年 8 月，提供大量精品IT 技术图书和电子书，以及高品质技术文章和视频课程。更多详情请访问异步社区官网https://www.epubit.com。

"异步图书"是由异步社区编辑团队策划出版的精品 IT 专业图书的品牌，依托于人民邮电出版社近 30 年的计算机图书出版积累和专业编辑团队，相关图书在封面上印有异步图书的 LOGO。异步图书的出版领域包括软件开发、大数据、AI、测试、前端、网络技术等。

异步社区

微信服务号

目录

第 1 章　开始 Python 和机器学习之旅·····1

1.1　什么是机器学习？我们为什么
　　　需要它 ·············2

1.2　机器学习概览 ·············4

1.3　机器学习算法发展简史 ·····6

1.4　从数据中泛化的能力 ·······7

1.5　过拟合、欠拟合及偏差和
　　　方差的权衡 ·············8

　　1.5.1　用交叉检验避免过拟合·····10

　　1.5.2　用正则化避免过拟合 ·······12

1.6　通过特征选取和降维避免过
　　　拟合 ·············14

1.7　预处理、探索和特征工程·····15

　　1.7.1　缺失值 ·············16

　　1.7.2　标签编码 ·············17

　　1.7.3　一位有效编码 ·······17

　　1.7.4　调整数值范围 ·······18

　　1.7.5　多项式特征 ·········18

　　1.7.6　幂次转换 ·············18

　　1.7.7　面元划分 ·············19

1.8　模型组合 ·············19

　　1.8.1　Bagging ·············20

　　1.8.2　Boosting ·············20

　　1.8.3　Stacking ·············20

　　1.8.4　Blending ·············21

　　1.8.5　投票和平均法 ·······21

1.9　安装和设置软件 ·········21

1.10　问题解决和寻求帮助 ·········22

1.11　小结 ·············23

第 2 章　用文本分析算法探索 20 个
　　　新闻组数据集·········24

2.1　什么是 NLP ·············25

2.2　强大的 Python NLP 库之旅 ·····27

2.3　新闻组数据集 ·············31

2.4　获取数据 ·············31

2.5　思考特征 ·············32

2.6　可视化 ·············35

2.7　数据预处理 ·············39

2.8　聚类 ·············42

2.9　话题建模 ·············· 44
2.10　小结 ··············· 48

第 3 章　用朴素贝叶斯检测垃圾邮件 ····· 50

3.1　开始分类之旅 ·········· 51
3.2　分类的类型 ··········· 51
3.3　文本分类应用 ·········· 53
3.4　探索朴素贝叶斯 ········ 54
3.5　贝叶斯定理实例讲解 ····· 54
3.6　朴素贝叶斯原理 ········ 56
3.7　朴素贝叶斯的实现 ······ 59
3.8　分类器性能评估 ········ 70
3.9　模型调试和交叉检验 ····· 74
3.10　小结 ··············· 77

第 4 章　用支持向量机为新闻
话题分类 ··········· 79

4.1　回顾先前内容和介绍逆
文档频率 ············· 80
4.2　SVM ··············· 81
4.2.1　SVM 的原理 ····· 82
4.2.2　SVM 的实现 ····· 86
4.2.3　SVM 内核 ······ 92
4.2.4　线性和 RBF 内核的选择 ··· 95
4.3　用 SVM 为新闻话题分类 ········ 96
4.4　更多示例——用 SVM
根据胎心宫缩监护数据为
胎儿状态分类 ··········· 100
4.5　小结 ·············· 102

第 5 章　用基于树的算法预测点击率 ··· 103

5.1　广告点击率预测简介 ············· 104
5.2　两种不同类型的数据：
数值型和类别型 ············· 104
5.3　决策树分类器 ············· 106
5.3.1　构造决策树 ············· 107
5.3.2　度量划分的标准 ········· 109
5.3.3　实现决策树 ············· 115
5.4　用决策树预测点击率 ············· 123
5.5　随机森林——决策树的
特征装袋技术 ············· 128
5.6　小结 ··············· 129

第 6 章　用对率回归预测点击率 ······· 130

6.1　一位有效编码——将类别
型特征转换为数值型特征 ··········· 131
6.2　对率回归分类器 ············· 134
6.2.1　从对率函数说起 ········· 134
6.2.2　对率回归的原理 ········· 135
6.2.3　用梯度下降方法训练对率
回归模型 ··········· 139
6.3　用梯度下降对率回归预测
点击率 ············· 144
6.3.1　训练随机梯度下降对率
回归模型 ··········· 146
6.3.2　训练带正则项的对率
回归模型 ··········· 149
6.3.3　用线上学习方法，在大型
数据集上训练 ········· 151
6.3.4　多分类 ············· 153
6.4　用随机森林选择参数 ············· 155
6.5　小结 ·············· 156

第 7 章　用回归算法预测股价 ············158

7.1　股市和股价的简介 ·············159

7.2　什么是回归 ·············159

7.3　用回归算法预测股价 ·········160

　　7.3.1　特征工程 ·········162

　　7.3.2　数据获取和特征生成 ···165

　　7.3.3　线性回归 ·········170

　　7.3.4　决策树回归 ·········176

　　7.3.5　支持向量回归 ·········183

　　7.3.6　回归性能评估 ·········185

　　7.3.7　用回归算法预测股价 ···186

7.4　小结 ·············190

第 8 章　最佳实践 ·············192

8.1　机器学习工作流 ·········193

8.2　数据准备阶段的最佳实践 ···193

　　8.2.1　最佳实践 1——理解透彻
　　　　项目的目标 ·········193

　　8.2.2　最佳实践 2——采集所有
　　　　相关字段 ·········194

　　8.2.3　最佳实践 3——字段值
　　　　保持一致 ·········194

　　8.2.4　最佳实践 4——缺失值
　　　　处理 ·········195

8.3　训练集生成阶段的最佳实践 ···198

　　8.3.1　最佳实践 5——用数值代替
　　　　类别型特征 ·········199

　　8.3.2　最佳实践 6——决定是否对
　　　　类别型特征编码 ·········199

8.3.3　最佳实践 7——是否要
　　　选择特征，怎么选 ·········199

8.3.4　最佳实践 8——是否降维，
　　　怎么降 ·········201

8.3.5　最佳实践 9——是否缩放
　　　特征，怎么缩放 ·········201

8.3.6　最佳实践 10——带着领域
　　　知识做特征工程 ·········202

8.3.7　最佳实践 11——缺少领域
　　　知识的前提下，做特征
　　　工程 ·········202

8.3.8　最佳实践 12——记录每个
　　　特征的生成方法 ·········204

8.4　算法训练、评估和选择阶段的
　　最佳实践 ·········204

　　8.4.1　最佳实践 13——选择从
　　　　正确的算法开始 ·········204

　　8.4.2　最佳实践 14——降低过
　　　　拟合 ·········206

　　8.4.3　最佳实践 15——诊断过拟合
　　　　和欠拟合 ·········206

8.5　系统部署和监控阶段的
　　最佳实践 ·········208

　　8.5.1　最佳实践 16——保存、加载和
　　　　重用模型 ·········208

　　8.5.2　最佳实践 17——监控
　　　　模型性能 ·········209

　　8.5.3　最佳实践 18——定期
　　　　更新模型 ·········210

8.6　小结 ·········210

第 1 章
开始 Python 和机器学习之旅

本章从机器学习的基本概念讲起，以此开启我们的 Python 和机器学习之旅，这些概念虽然基础却很重要。我们首先介绍机器学习是什么，为什么需要它，并了解过去几十年它经历了怎样的发展历程。然后，我们讨论常见的机器学习任务，探索数据处理和建模的必备技术。本章是 Python 机器学习入门的好起点，我们寓乐于学，请相信我。学完本章，我们也将安装和配置好本书所需的软件和工具。

在本章中，我们将深入讲解以下主题。

- 什么是机器学习？我们为什么需要它？

- 机器学习概览。

- 从数据中泛化的能力。

- 过拟合、权衡偏差和方差。

    交叉检验。

    正则化。

- 维度和特征。

- 预处理、探索和特征工程。

    缺失值。

    标签编码。

    一位有效编码。

调整数据范围。

多项式特征。

幂次转换。

面元划分。

- 模型组合。

Bagging。

Boosting。

Stacking。

Blending。

投票和平均法。

- 安装和设置软件。

- 问题解决和寻求帮助。

1.1　什么是机器学习？我们为什么需要它

机器学习的英文词组（machine learning）于 1960 年前后首次提出，该术语由两个单词组成——机器和学习，机器是指计算机、机器人或其他设备，学习是指人类所擅长的一种活动或事件模式。

那么，我们为什么需要机器学习呢？我们为什么想让机器像人那样去学习呢？因为很多问题会牵扯到大型数据集或复杂的计算，对于这种问题，最好让计算机来完成所有的工作。一般而言，计算机和机器人不会疲倦，无须睡觉，而且成本也许还更低。还有一种新兴的思想流派，名为主动学习（active learning）或人类参与的学习（human-in-the-loop），它倡导将懂得学习的机器和人的成果结合起来。该思想认为有些枯燥的例行工作更适合用计算机处理，创造性任务则更适合交由人处理。根据这种理念，机器按照人设计的规则（或算法）去学习，并完成本期望由人完成的重复性的任务和某些逻辑推理任务。

机器学习不涉及使用业务规则的传统类型的编程。有一个广为流传的说法，说世界上大部分代码要处理的简单规则，很可能已用 Cobol 语言实现，这些 Cobol 代码覆盖了大部分的可能的职员的交互场景。既有此先例，我们为何不雇佣很多软件程序员，继续编写代码，实现新规则？

原因之一是随着时代的发展，定义、维护和更新规则的成本越来越高。一项活动或事件，可能的模式也许数不胜数，因而穷尽所有情况不现实。动态发展、一直处于变化中或实时演进的事件，为其编写规则的难度更大。而开发学习规则或算法，让计算机从海量数据中学习、抽取模式和理解数据之间的关系则更简单，效率更高。

另一个原因是数据量呈指数级增长。如今，文本、音频、图像和视频数据的洪流滚滚而来，我们难以洞察它们。**物联网**（Internet of Things，IoT）是最近发展起来的一种新型因特网，它要打通日常生活所用的各种设备。物联网将把家用设备和自动驾驶汽车的数据推至数据处理的前沿阵地。当今，一般公司大多数职员是活生生的人，但也不全是，比如社交媒体公司往往拥有很多机器人账号。该趋势很可能会持续下去，机器人越来越多，它们之间的沟通也会多起来。不仅是数量，数据的质量在过去几年随着存储价格的下降也在不断提升。这些因素为机器学习算法和数据驱动的解决方案的演进，提供了强有力的支持。

阿里巴巴集团的马云（Jack Ma）在一次演讲中解释道，**信息技术**（Information Technology，IT）是过去 20 年和现在的重头戏，接下来 30 年，我们将过渡到**数据技术**（Data Technology，DT）时代。在信息技术时代，计算机软件和基础设施的发展，使得很多公司得以成长壮大。如今，大多数行业的公司已积攒了海量数据，现在该利用数据技术洞察数据、找出模式、推动新业务成长了。概括而言，机器学习技术使得公司不仅能够更好地理解顾客的行为，与顾客打成一片，还能借此优化运营管理。我们个人也享受到了机器学习技术带来的日常生活的改善。

我们都熟悉的一种机器学习应用是垃圾邮件过滤；另外一种是在线广告，投放信息类型广告的广告主利用从我们这里收集的信息，自动投放广告。别"换台"，坚持看下去，后续章节我们将学习如何研制算法来解决这两个问题。我们离了几乎没法生活的一种机器学习应用是搜索引擎，它利用信息检索技术，解析我们要寻找的信息，查询相关记录，并按照话题相关度和个人的喜好为网页排序，这两种排序方式分别称为基于上下文的排序和个性化排序。电子商务和媒体公司一直处于推荐系统应用的前沿，它们帮助顾客更快找到商品、服务和文章。机器学习应用无处不在，我们每天都会听到由它驱动的新应用出现的消息，比如信用卡欺诈检测、疾病诊断、总统选举预测、实时语音翻译、机器人顾问等，真是应有尽有！

1983 年上映的电影《战争游戏》（*War Games*）中，一台计算机做出的关乎生死的决策，可能会引爆第 3 次世界大战。据我们所知，机器学习技术目前还不能赢得这种风头。然而，1997 年深蓝超级计算机确实击败了一名国际象棋冠军。2005 年，斯坦福大学研制的自动驾驶汽车在荒漠中自动行驶了 209km①。2007 年，另一团队研制的自动驾驶汽车在市区常规交通的场景中行驶了 80km 以上。2011 年，Watson 计算机战胜人类对手，赢得智力竞赛。2016 年，"阿尔法狗"（AlphaGo）程序击败了世界上最厉害的围棋大师。如果计算机硬件被认为是限制因素，那么我们可推断未来机器智能还会有新的突破。Ray Kurzweil 正是这么推断的，他认为 2029 年前后，机器能达到人的智力水平。那再以后呢？

1.2　机器学习概览

机器学习模仿人类的思维方式，是人工智能的一个分支，而人工智能研究系统的创建，属于计算机科学领域。软件工程是计算机科学的另一领域。通常，我们可将 Python 编程看作软件工程的一种类型。机器学习还与线性代数、概率论、统计学和数学优化密切相关。我们通常根据统计学、概率论和线性代数建立机器学习模型，然后用数学优化方法优化模型。本书的大部分读者，应该具备足够的 Python 编程知识。对自己的数学知识不够自信的读者，也许想知道应花多少时间学习或复习前面提到的这些学科。不要慌。本书在不深入任何数学细节的情况下，就能让读者把机器学习算法运行起来，从而解决各种任务。本书只要求读者具备一些很基础的概率论和线性代数的知识，这些知识有助于理解机器学习技术和算法的原理。书中所讲的每个模型，我们首先都会手动从头实现，然后再用流行的 Python 机器学习库和包提供的方法实现。Python 这门语言也是大家喜欢和熟悉的，因此本书学起来比较容易。

你若想系统地研究机器学习，可攻读计算机科学、人工智能或近年推出的数据科学硕士学位。此外，你也可以考虑各种数据科学训练营。然而，训练营的选择通常更受限制，它们更偏向就业，项目周期往往只有 4 到 10 周，比较短。另外，你也可以从免费的大规模开放在线课程（MOOC）平台学习，比如吴恩达（Andrew Ng）的机器学习课程就很受欢迎。最后，业界的一些博客和网站也是很棒的资源，我们可从中了解机器学习的最新发展。

---

① 原书此处的 "130 kilometers"，单位应为英里。下文的 80 km，原文为 "50 kilometers"，单位也应是英里。——译者注

机器学习不仅是一项技能，它也有点运动的属性。我们可参加多种机器学习比赛：有时是为了可观的奖金，有时是为了快乐，大多数时候是为了提升能力。然而，要赢得这些比赛，我们也许要用到一些特殊的技巧，而这些技巧只适用于比赛。要解决真实的业务问题，它们就派不上用场了。这没问题，"天下没有免费的午餐"定理在这里也适用。

机器学习系统以数据作为输入，数据可以是数值、文本、视频或音频类型。系统通常会有输出，输出可以是一个浮点型数字，比如自动驾驶汽车的加速度，也可以是表示类别（category，亦称 **class**，译为**类**）的一个整数，比如识别图像中的形象是猫还是狗。

机器学习的主要任务是探索和构造算法，从历史数据中学习，对新输入的数据作预测。对于数据驱动的方案，我们需要定义（或算法帮我们定义）一个**损失函数**（loss function）或**代价函数**（cost function），用这个评估函数度量模型的学习能力有多强。在建模阶段，我们建立一个最优化问题，以实现效率最高和最有效的学习方式为目标。

根据所学数据的性质，机器学习可大致分为以下 3 类。

- **无监督学习**（unsupervised learning）。所学数据仅包含起暗示作用的信号，而没有任何附加的描述信息，需要我们去寻找数据的内在结构，发现隐藏的信息，或确定描述数据的方式。这种学习数据称为**无标签**数据。无监督学习可用来检测反常现象，比如检测欺诈、有缺陷的设备，或将一场营销活动中线上行为相似的用户分到一组。

- **有监督学习**（supervised learning）。所学数据不仅有起暗示作用的信号，还有描述、目标或期望的输出，学习目标变为找到将输入映射到输出的一般性规则，这种学习数据称为**有标签**数据。然后，将学到的规则用于标记新数据的输出值，新数据的输出值未知。标签通常来自于事件日志系统和专家。此外，如果可行的话，标签也可以考虑由公众通过众包等形式来提供。有监督学习普遍应用于日常应用，比如人脸和语音识别、产品或电影推荐以及销售预测等。

- 我们还可以进一步将有监督学习划分为**回归**（regression）和**分类**（classification）两类。回归用连续型数据训练，预测值为连续型，比如预测房价。而分类则尝试找到合适的类别标签，比如分析情感是积极还是消极，预测是否会拖欠贷款。

- 如果不是所有的学习样本都标记过，但其中一些样本确实有标签，这类学习我们称其为**半监督学习**（semi-supervised learning）。它使用无标签数据（通常量很大）和少量有标签数据来训练。半监督学习的应用场景是，获得全部数据都有标签的数据集成本很高，而标记少量数据更实际。例如，标记高光谱遥感影像往往需要经验丰富的专家来完成，定位油田的位置也需要大量的野外实验，相对而言，无标签数据更易于获取。

- **增强学习**（reinforcement learning）。所学的数据提供反馈，系统可根据条件的动态变化而调整，从而实现特定的目标。系统根据反馈评估自身性能，并做出相应调整。最知名的例子有自动驾驶汽车和围棋大师"阿尔法狗"。

一下子讲这么多抽象概念，是不是感觉有点迷糊？别担心。后续章节我们将会介绍这几种机器学习任务的具体例子。第 2 章，我们要完成一个无监督学习任务，并探索多种无监督学习技术和算法；第 3 章到第 6 章，我们将学习一些有监督学习任务和几种分类算法；第 7 章，我们继续介绍另一种有监督学习任务——回归，并学习各式各样的回归算法。

1.3 机器学习算法发展简史

实际上，机器学习算法有多种，它们的受欢迎程度随时间而改变。我们大致可将其分为 4 大类：**基于逻辑的学习、统计学习、人工神经网络**和**遗传算法**。

最初，占主导地位的是基于逻辑的学习系统。该类系统用人类专家确定的基本规则，尝试利用形式逻辑、背景知识和假设进行推理。20 世纪 80 年代中期，**人工神经网络**（Artificial Neural Network，ANN）异军突起，但 20 世纪 90 年代，它又被统计学习系统推到一边。人工神经网络模仿动物大脑，它由相互连接的神经元组成，这些神经元模仿的也是生物的神经元。这类系统尝试为输入和输出之间的复杂关系建模，从而捕获数据中的模式。**遗传算法**（Genetic Algorithm，GA）流行于 20 世纪 90 年代，它模仿生物进化过程，试图利用变异和交叉等方法，寻找最优方案。

当前（2017 年）正在经历一场**深度学习**（deep learning）的革命，我们也可将其看作神经网络的品牌再造。深度学习这一术语发明于 2006 年附近，指的是包含多层的深度神经网络。深度学习之所以能够取得突破，整合和利用**图像处理单元**（GPU）功不可没，它可以大幅提升计算速度。GPU 原本是为渲染视频游戏而设计的，很擅长处理并行矩阵和向量代数。深度学习类似于人类的学习方式，因此我们利用机器学习技术也许有可能实现具备感知能力的机器。

你也许已听说过摩尔定律——计算机硬件的性能随时间呈指数级提升，这是一个经验观测值。该定律首先由英特尔的联合创始人 Gordon Moore 于 1965 年提出。根据摩尔定律，一块芯片上的晶体管数量，每两年①翻一番。由图 1-1 可见，摩尔定律很好地经受住了时间的考验（气泡的大小代表同时期 GPU 中晶体管数量的平均值）：

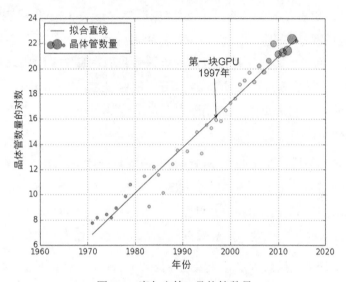

图 1-1　摩尔定律&晶体管数量

GPU 中晶体管数量的增长趋势，似乎表明摩尔定律应该在几十年内依然有效，前面提到 Ray Kurzweil 预测 2029 年实现真正的机器智能，这么说来有一定的可信性。

1.4　从数据中泛化的能力

我们有海量数据可利用，这可是件大好事，但揪心的是，这些数据难以处理。数据的多样性和噪音是难点所在。人类通常会处理耳朵和眼睛感知到的数据。这些输入被转换为电子或化

---

① 1965 年，Moore 发表题为 "Cramming More Components onto Integrated Circuits" 的论文，他在这篇论文中表示 "the complexity for minimum component costs has increased at a rate of roughly a factor of two per year"，即每年翻一番。后来，Moore 将其改为每两年翻一番。——译者注

学信号。从非常底层的角度讲，计算机和机器人处理的也是电子信号。这些电子信号又被转换为 1 和 0。然而，本书使用 Python 语言编写程序，在这一层级，我们通常将数据表示为数字、图像或文本。实际上，图像和文本不太容易处理，因此我们需要将其转换为数值。

尤其是有监督学习这种情况，我们所面对的场景与备考学习相仿。我们要做很多练习题，最后要参加真正的考试。考试时，我们应该能够在不知道答案的情况下回答问题。这称为泛化（generalization）——从练习题学得知识，希望能将其应用到其他相似问题。再回到机器学习，这些练习题对应的是**训练集**（training set）或**训练样本**（training sample），模型正是从这里面找出模式。实际考试对应**测试集**（testing set）或**测试样本**（testing sample），也就是模型最终的用武之地，模型是否名副其实，一试便知。在做练习题和参加实际考试之间，我们还要参加模拟考试，以评估我们在真实考试中表现如何，从而帮助我们复习。这些模拟考试对应于机器学习中的**验证集**（validation set）或**验证样本**（validation sample）。它们帮助我们验证模型在模拟环境中性能如何，以便我们微调模型，争取获得更好的效果。

传统的程序员，一般会在跟业务分析师或其他专家讨论后，实现一条规则，比如编写税收规则，或者新增一个值，这个值又乘上另一个值。在机器学习场景中，我们向计算机提供输入值和输出值的示例。或者，如果野心更大的话，只提供实际的税收文件也行，让机器自己把处理数据的任务也做了，就像自动驾驶汽车不需要人提供很多输入一样。

在机器学习场景中，我们所做的其实是寻找某个函数，比如税收公式。物理研究的情况与我们所面临的情形几乎相同。我们想知道宇宙的运行机制，并用数学语言来表示其中的规律，但不知道确切的函数是什么，我们所能做的是度量构造的函数产生的误差有多大，并尝试最小化误差。在有监督学习任务中，我们比较所得结果和预期结果之间的差异。在无监督学习中，我们用相关的度量标准来度量学习结果的成败与否。比如，我们希望分成的几个簇合乎道理，度量标准可以是同一簇内数据点的相似度有多高，不同簇的数据点的差异有多大。在增强学习中，程序评估自身的移动，比如象棋比赛用事先定义好的函数来评估走子所带来的回报。

1.5　过拟合、欠拟合及偏差和方差的权衡

过拟合（overfitting）这个概念很重要，因此我决定还是早点讲。

接前面备考的例子，我们若是做了大量习题，即使是跟考试科目无关的习题，我们也能总结出解答方法。比如，给定 5 道习题，我们发现题干中只要提到两个土豆和一个西红柿，答案总是 A，题干只要提到一个土豆和三个西红柿，答案总是 B，然后，我们据此得出结论，这个规则普遍适用，之后再遇到类似问题，即使科目或答案本与土豆或西红柿无关，我们仍沿用该规则。更糟糕的是，我们甚至可能会死记硬背，逐字逐句地把题目和答案都记在脑子里，这样我们能在练习中得高分。我们这样做，自然希望实际考试的试题跟练习题相同。然而，在实际考试中，我们得分很低，因为考试题目跟平常练习相同的情况，实属罕见。

记忆这种现象可能会引发过拟合。我们从训练集抽取过多信息，模型只是在训练集上能取得很好的效果，该现象在机器学习中称为**低偏差**（low bias）。然而，从训练集抽取过多信息无助于我们将数据泛化，找出蕴藏其中的模式，因此所得模型在之前从未见过的数据集上表现较差，该现象称为**高方差**（high variance）。

当我们尝试根据数量相对较少的观察数据而不是数据之间的潜在关系来描述学习规则时，就会产生过拟合，比如前面土豆和西红柿那个例子。我们尝试建立极其复杂的模型，并拟合每个训练样本，也会导致过拟合，比如前面记住所有问题的答案这种情况。

与过拟合相对的是**欠拟合**（underfitting）。欠拟合的模型不仅在训练集上表现不好，在测试集上的表现也不好，它没能捕捉数据蕴藏的模式。训练模型使用的数据量不够，就可能导致欠拟合，就好比是我们看的复习资料不够多，考试会挂科一样；训练的模型，相对数据而言是错误的，也会导致欠拟合，这就好比我们的思路有误，学习方法不对，那么不论练习还是最后的考试分数都很低。这在机器学习中称为**高偏差**（high bias），即使模型在两个数据集上的方差都很低。方差低是因为模型的性能在训练集和测试集上同样糟糕。

过拟合和欠拟合，我们都想避免。偏差的根源是学习算法的错误假设，高偏差导致欠拟合。方差度量的是模型的预测能力对数据集变动的敏感程度。因此，我们需要避免偏差或方差升高的情况。那么，这是否意味着我们应该总是控制偏差和方差，使其尽可能低？我们能做到的话，答案是肯定的。但在实际应用中，两者是很明显的此消彼长的关系。这就是所谓的**偏差—方差权衡**（bias-variance tradeoff）。听起来很抽象？我们来看看下面这个例子吧。

我们接到一个任务，根据电话调查数据来预测一位候选人当选下一届总统的概率。电话调查是按照邮政编码开展的。选中一个邮政编码，从该地区的调查数据中随机抽取样本，预估候选人有 61% 的可能性当选总统。但实际结果却是候选人落选了。那么，我们的模型错在哪里？首先想到的是，预估时我们只使用了一个地区的少量样本，这是高偏差的根源。

另外，同地区的人往往具有相似的人口统计学特征。然而，这却使得估计结果的方差较小。那么，使用多个地区的样本是否就能解决这个问题？是的，但不要高兴得太早。因为，这同时也许会增加估计的方差。我们需要找到最佳的样本量和地区数量，将总体偏差和方差降至最小。最小化模型的总误差，需要仔细权衡偏差和方差。给定一组训练样本 x_1，$x\_2, \cdots, x\_n$ 及其目标值 $y\_1, y\_2, \cdots, y\_n$，我们想找到一个回归函数 $\hat{y}(x)$，尽可能准确地估计真正的关系 $y(x)$。用**均方误差**（Mean Squared Error，MSE）来度量估计的误差和回归模型的好坏：

$$MSE = E\left[\left(y(x) - \hat{y}(x)\right)^2\right]$$

E 表示期望。误差可分解为偏差和方差两部分，推导方法如下（理解该推导过程，需要一点概率论的基础知识）：

$$
\begin{aligned}
MSE &= E[(y - \hat{y})^2] \\
&= E[(y - E[\hat{y}] + E[\hat{y}] - \hat{y})^2] \\
&= E[(y - E[\hat{y}])^2] + E[(E[\hat{y}] - \hat{y})^2] + E[2(y - E[\hat{y}])(E[\hat{y}] - \hat{y})] \\
&= E[(y - E[\hat{y}])^2] + E[(E[\hat{y}] - \hat{y})^2] + 2(y - E[\hat{y}])(E[\hat{y}] - E[\hat{y}]) \\
&= (E[(\hat{y} - y]^2 + E[\hat{y}^2] - E[\hat{y}]^2 = Bias[\hat{y}]^2 + Variance[\hat{y}]
\end{aligned}
$$

偏差项度量的是估计的误差，方差项描述的是估计值 $\hat{y}$ 在均值周围的波动情况。学习模型 $\hat{y}$ 越复杂，训练样本量越大，偏差就越低。然而，为了更好地拟合数据点的增加，模型的漂移会越来越大。因此，方差就会增大。

我们通常采用交叉检验[①]（cross-validation）技术来衡偏差和方差，寻找最优模型，并且降低过拟合。

最后一项[②]是不可降误差（irreducible error）。

1.5.1　用交叉检验避免过拟合

前面例子提到，在练习和考试之间，可能有模拟考试，我们可借此评估自己在实际考试中的表现，有必要的话，勤加复习。切换到机器学习场景，验证过程帮助我们在模拟环境中评估模型泛化到独立于训练集之外或未见到的数据集的能力。验证过程，传统的做法是将原始数据集切分为 3 个子集，通常训练集用 60% 的样本，验证集和测试集各用 20%。

---

① 另一常见的叫法是"交叉验证"。——译者注
② 方差。——译者注

若切成 3 个子集后，训练样本量够多，并且我们仅需大体估计模型在模拟环境的性能，这样做就可以。否则，最好使用交叉检验。

交叉检验的每一轮都将原始数据集切分为训练集和测试集（或验证集）两个子集，分别用作训练和测试，并记录在测试集上的性能。同理，多轮交叉检验在多次切分得到的不同的子集上进行训练和测试。最后，对所有轮得到的测试结果取均值，这能更加准确地估计模型的性能。交叉检验有助于降低方差，因而能抑制过拟合等问题。

目前常用的交叉检验方案主要有两种：彻底和不彻底的交叉检验。彻底的交叉检验，每一轮留出固定数量的观察数据作为测试（或验证）样本，将剩余观察数据作为训练样本。重复该过程，直到所有可能的不同样本子集都测试了一遍。例如，我们可采用**留一法交叉检验**（Leave-One-Out-Cross-Validation，LOOCV），每个样本仅在测试集出现一次。大小为 n 的数据集，留一法要求 n 轮交叉检验。随着 n 的增大，速度会变慢。

不彻底的交叉检验，顾名思义，不去尝试所有可能的切分方法。该方案使用最多的方法是 **k 折交叉检验**（k-fold cross-validation）。将原始数据集随机切分为大小相同的 k 折。每一轮检验，用其中的一折测试，其余各折用于训练。我们重复该过程 k 次，使得每一折都用作一次测试集。最后，我们对 k 折的测试结果取均值，以此度量模型的性能。k 常取 3、5 或 10。表 1-1 展现了 5 折交叉检方案的测试集和训练集的分配情况：

表 1-1　　　　　　　　　　5 折交叉检验测试集和训练集的分配情况

迭代	第 1 折	第 2 折	第 3 折	第 4 折	第 5 折
1	测试集	训练集	训练集	训练集	训练集
2	训练集	测试集	训练集	训练集	训练集
3	训练集	训练集	测试集	训练集	训练集
4	训练集	训练集	训练集	测试集	训练集
5	训练集	训练集	训练集	训练集	测试集

我们亦可多次随机地将数据集切分为训练集和测试集。该方法的学名叫**留出法**（holdout）。该算法存在的问题是，一些样本可能从未出现在测试集，而另一些也许已选入测试集多次。**嵌套交叉检验**（nested cross-validation）也很重要，它综合了多种交叉检验方法。它包括两个阶段：

- 内部的交叉检验，一般用于寻找最优拟合，可用 k 折交叉检验实现；

- 外部的交叉检验，一般用于评估性能和作统计分析。

在第 3~7 章，我们将大量使用交叉检验。在这之前，先通过下面这个例子，看看交叉检验是怎么回事，以帮助我们更好地理解。

一位数据科学家计划开车上班，他的目标是每天 9 点前到工作地点。他需要确定出门时间和开车路线。他分别在每周的周一、周二和周三尝试这两个参数的不同组合，每次尝试后，他都记录下到达的时间。然后，他找出最佳的出行方案，每天遵照执行。然而，这套方案并没有预期那么好。结果表明日程模型过拟合每周前 3 天的数据点，但是对于周四和周五的数据点拟合程度一般。更佳的方案应该是，从周一到周三数据集上得到的参数，需要在周四和周五的数据集上测试它们的表现，并以类似的方式，用不同的工作日作为训练集和测试集，重复该检验过程。这种类似于交叉检验的方法，可确保选择的出行方案适用于一周的每一天。

总而言之，交叉检验整合模型在数据集的不同子集上性能的度量结果能更准确地评估出模型的性能。这种技术不仅能降低方差，避免过拟合，还能洞察模型在实际应用中的大体表现。

1.5.2   用正则化避免过拟合

另一种防止过拟合的方法是正则化（regularization）。前面讲过，模型不必要的复杂度是过拟合的原因之一。交叉检验是消灭过拟合的一种常见技术，而正则化同样可以避免过拟合，它为我们努力最小化的误差函数增加额外的参数，以惩罚复杂的模型。

根据奥卡姆剃刀（Occam's Razor）原则，更简单的方法更受欢迎。William Occam 是一位修士，也是一位哲学家。1320 年前后，他提出了拟合数据的最简单的假设是最好的这一想法。能够支持这一想法的一个事实是，我们能发明的简单模型比复杂模型要少。例如，我们凭直觉知道高次多项式模型比线性模型要多。原因在于，一条直线（$y = ax + b$）只受两个参数约束——截距 b 和斜率 a。一条直线取所有可能的参数，构成的是一个二维平面。二次多项式的二次项增加了一个额外的系数，二次多项式取所有可能的系数，构成一个三维空间。因而，寻找一个高次多项式函数作为模型，完美捕捉所有参与训练的数据点会更容易，因为它的搜索空间比线性模型大得多。然而，这些很容易得到的模型的泛化能力，比线性模型差远了，它们更容易导致过拟合。当然，更简单的模型，计算时间也少。图 1-2 展示了如何用高次多项式函数和线性函数拟合数据。

用曲线拟合数据

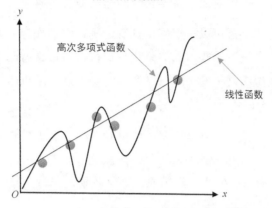

图 1-2 用高次多项式函数和线性函数拟合数据

线性模型更可取，因为对于从潜在的分布中抽取的更多数据点，线性模型的泛化能力也许更强。我们可使用正则化来惩罚多项式的高次项，从而降低其影响。这将会牺牲复杂度，甚至导致从训练数据中学到的规则不那么准确和严格。

从第 6 章开始，我们将频繁使用正则化。现在，先来看看下面这个例子，对照着它能加深我们对正则化的理解。

一位数据科学家想赋予他的机器看门狗识别陌生人和朋友的能力。他向看门狗输入如表 1-2 所示的访客学习样本。

表 1-2 访客学习样本

男性	年轻	高	戴眼镜	穿灰衣服	朋友
女性	中年	中等	不戴眼镜	穿黑衣服	陌生人
男性	年轻	矮	戴眼镜	穿白衣服	朋友
男性	老年	矮	不戴眼镜	穿黑衣服	陌生人
女性	年轻	中等	戴眼镜	穿白衣服	朋友
男性	年轻	矮	不戴眼镜	穿红衣服	朋友

看门狗也许很快就学到了以下规则：任何不戴眼镜、穿黑衣服、中等个的中年女性都是陌生人；任何不戴眼镜、穿黑衣服、矮个老年男性都是陌生人；其他人则都是主人的朋友。虽然这些规则可以完美地拟合训练数据，但是它们太过于复杂，无法很好地泛化到新访客。相反，这位数据科学家可以限制学习内容。一条能很好地适用于成千上万名新访客

的宽松规则可以是：任何不戴眼镜、穿黑衣服的都是陌生人。

除了惩罚复杂度，我们还可以早点停止训练过程，将其作为一种正则化方法使用。限制模型的学习时间，或者设置一些内部的停止规则，这些规定有助于我们生成一个更为简单的模型，从而控制模型的复杂度，降低过拟合的可能性。用机器学习术语来讲，该方法叫作**提前停止**（early stopping）。

最后一点也很重要，正则化应该适度，或更确切地说，应精心调试到最佳水平。正则化的惩罚力度太小，不起作用，但太大又会使得模型偏离实际情况，导致欠拟合。本书主要在第 6 章和第 7 章，探讨如何实现最优的正则化效果。

1.6　通过特征选取和降维避免过拟合

我们通常将数据表示为数字网格（矩阵）。每一列表示一个变量，机器学习中将其称为特征。在有监督学习问题中，数据矩阵的一个变量实际上不是特征，而是要预测的标签，矩阵的每一行是可用作训练或测试的样例。特征的数量与数据的维度相等。采用哪种机器学习方法，取决于数据的维度和样例的数量。例如，文本和图像是高维数据，而股票市场数据的维度相对较少。若拟合高维数据，则计算开销很大，并且由于复杂性高，很容易发生过拟合现象。而高维数据无法可视化，因而在遇到问题时简单的诊断方法不适用。

不是所有特征都有用，它们也许只会给我们的结果增加随机性。因而，选取好的特征往往很重要。特征选取是指从所有特征中挑选出显著特征子集，以建立更佳的模型。在实际应用中，并不是数据集的每个特征都蕴含有助于区分样本的信息；有些特征不是冗余就是不相关，抛弃它们损失的信息很小。

原则上讲，特征选取可归结为多个二分类问题：是否包含一个特征。若有 n 个特征，我们就有 2^n 个特征集，特征很多的话，特征集的数量非常大。例如，数据集有 10 个特征，就有 1024 个可能的特征集（比如，对于决定穿什么衣服这个任务，特征可以是气温、下雨、天气预报和要去哪里等）。特征数达到一定的量，再靠蛮力使用所有特征，就不切实际。在本书第 6 章中，我们将讨论更好的特征选取方法。基本上，我们有两种选择：要么一开始使用所用特征，再以迭代的方式删除特征，或者我们从最少量的特征开始，迭代增加特征。每次迭代只使用最佳特征集，然后比较它们的效果。

另一种常用的降维方法是，将高维数据转换到低维空间中。这种转换会损失信息，但是可将损失降至最低。稍后，我们还会更加详细地讲解该方法。

1.7 预处理、探索和特征工程

风靡于 20 世纪 90 年代的**数据挖掘**（data mining）是数据科学（研究数据的科学）的前身。数据挖掘社区常用的一种方法叫作**跨行业数据挖掘标准流程**（Cross Industry Standard Process for Data Mining，CRISP DM）。该流程发明于 1996 年，沿用至今。之所以提到 CRISP DM，我不是要为其背书，而是因为我喜欢它的总体框架。CRISP DM 包括以下几个不相互排斥、可并行处理的阶段。

- **业务理解**：该阶段往往由专门的领域专家来完成。通常由一位负责业务的同事提出一个业务问题，比如提升某一产品的销售量。

- **数据理解**：该阶段也许仍需要领域专家的输入，但与业务理解阶段相比，该阶段往往需要技术专家更多的投入。领域专家也许擅长使用电子表格程序，但可能不太会处理复杂数据。在本书中，我将该阶段称为**数据探索**。

- **数据准备**：该阶段，只会使用 Excel 的领域专家同样无法帮到你。该阶段我们创建训练集和测试集。在本书中，我通常称这个阶段为**预处理**。

- **建模**：该阶段，大多数人都得具备机器学习背景。我们在该阶段建立模型，拟合数据。

- **评估**：该阶段，我们评估模型和数据，检验是否能够解决业务问题。

- **部署**：该阶段通常是指在生产环境搭建系统（生产系统独立，是一种最佳实践）。该阶段一般由专业团队完成。

我们要学习，就得有高质量的学习材料。我们无法从文理不通的材料中学习，我们会自动忽略毫无意义的内容。机器学习系统，无法识别文理不通的材料，因此我们需要帮它清洗输入数据。大家常说清洗数据占据机器学习工作量的大头。有时，别人为我们清洗数据，但你不能以为这就万事大吉了。我们只有熟悉数据，才能确定数据的清洗方式。在一些项目中，我们尝试自动探索数据，做一些智能化加工，比如生成报告。但不幸的是，目前尚无可靠的方案，有些工作你还得自己做。

我们可以做两件事：一是扫描数据，二是可视化数据，它们并不互斥。两者取决于所要处理的数据的类型，即我们拿到的数据是否是数字网格、图像、音频、文本或其他类型。

数字网格是最便于处理的格式，我们总是努力将其他形式的特征转换为数值特征。在本节后续内容中，我假定有一个各元素为数字的表格。

我们想知道特征是否含有缺失值，以及特征值的分布和特征的类型。特征值可能近似服从正态分布、二项分布、泊松分布或其他分布。特征可以是二值型：是或否、积极或消极等。特征也可以是类别型：属于某个类别，比如哪个大洲（非洲、亚洲、欧洲、拉丁美洲、北美洲等）。类别型变量也可以是有序的——比如高、中等和低。特征也可以是定量的，比如用度数表示的温度，或用美元表示的价格。

特征工程（feature engineering）是指创建或改造特征的过程。它更像一门暗黑艺术而不是科学。特征通常是根据常识、领域知识或先前的经验来创建。创建特征当然有一些通用的技术，然而却并不能保证新创建的特征能改善模型的结果。有时，我们可将无监督学习分成的簇作为额外特征。深度神经网络往往能够自动创建特征。

1.7.1　缺失值

某些特征的值可能丢失，这种现象很常见，原因多种多样，比如不方便收集每个样本的每个特征值，即使方便收集但成本很高，或是因为每个样本的每个特征根本不可能都有值，也可能是因为过去我们没有合适的设备，无法度量某一特定的量，或者我们当时根本不知道哪个特征是相关的。这些原因固然存在，但事实是缺失了以往的部分数据影响了我们当前的工作。有时，我们很容易就能发现我们缺失数据，只要扫描数据，或者统计某个特征的特征值数量，然后拿它与我们期望的特征值数量（也就是行数）相比，就能发现有无缺失值。一些系统用其他数值代替缺失值，比如用 999 999。若合法的特征值远小于999 999，这样做是合理的。幸运的话，数据文件的创建者还会以数据字典或元数据的形式给出特征的相关信息，从中可了解是否有缺失值。

我们一旦知道缺失数据，问题就变为如何处理这些缺失值。最简单的做法是直接忽略它们。然而，一些算法无法处理缺失值，程序遇到缺失值时就会停止运行。还有些情况会忽略缺失值，导致得到的结果不准确。另一种方案是用固定的值代替缺失值——该方案称为**插值**（imputing）。

我们可用一个特征所有合法特征值的算数平均数、中位数或众数插值。最理想的是，几个特征之间或一个特征变量各取值之间存在某种可靠的关系。比如，我们知道某个地区每个季节的平均气温，就能为给定日期缺失的气温插一个估计的值。

1.7.2 标签编码

人类能够处理多种类型的数据。与之不同的是，机器学习算法要求数据是数值型。举个例子，我们若向算法输入 Ivan 这样的一个字符串，除非我们使用特制的软件，否则程序不知道该做什么。我们或许可将要处理的姓名看作类别型特征。我们可考虑将每个独一无二的姓名看作一个标签。（该例中，我们还需考虑如何处理大小写——是否将 Ivan 和 ivan 看作同一个特征值）然后，我们可用**整数—标签编码**（integer-label encoding）替换每一个标签。这种方法可能会带来问题，学习者也许会认为标签之间是有顺序的。

1.7.3 一位有效编码

一位有效编码（one-of-K 或 one-hot-encoding）方案使用**虚拟变量**（dummy variable）来为类别型特征编码。它最初应用于数字电路。虚拟变量就像二进制的位，可能的取值只有两个——1 或 0（等价于真或假）。比如，我们要为五大洲编码，可以创建几个虚拟变量，比如 is_asia（是亚洲），如果该洲是亚洲，那么该变量的值为真，反之为假（见表 1-3）。一般而言，虚拟变量的数量为独一无二的标签数量减去 1。虚拟变量是互斥的，因此我们可以根据虚拟变量的值自动确定其中一个标签。如果所有虚拟变量都为假，那么正确的标签就是我们没有为其创建虚拟变量的那一个标签。

表 1-3　　　　　　　　　　　　　　　为五大洲编码

	是亚洲	是欧洲	是非洲	是美洲	是大洋洲
亚洲	真	假	假	假	假
欧洲	假	真	假	假	假
非洲	假	假	真	假	假
美洲	假	假	假	真	假
大洋洲	假	假	假	假	真

编码后生成的矩阵（数字网格）包含大量的 0（假值）和少量的 1（真值）。这种矩阵称为稀疏矩阵。SciPy 包能很好地处理稀疏矩阵，因此稀疏矩阵应该不是个大问题。本章稍后将介绍 SciPy 包。

1.7.4 调整数值范围

不同特征的取值，数量级可能不同。有时，这意味着较大的值会支配较小的值，具体取决于我们使用的算法。一些算法要求我们调整数值范围才能正常工作。调整数据范围的常用策略如下。

- **标准化**（standardization）减去均值，然后除以标准差。如果特征值服从正态分布，我们将得到一个标准正态分布，均值为 0，方差为 1。

- 特征值若不服从正态分布，我们可减去均值，除以四分间距。四分间距为第一分位数和第四分位数的差值（或第 25 百分位数和第 75 百分位数的差值）。

- 将特征值的取值范围（scaling）调整到某一值域，常用的值域是 0 到 1。

1.7.5 多项式特征

假如有两个特征 a 和 b，我们怀疑这两个特征和预测结果之间存在多项式关系，比如 a^2+ab+b^2。我们可将该多项式中的每一项作为一个特征，那么我们就有 3 个特征。a 和 b 的乘积 ab 称为**交互项**（interaction）。交互项不一定是乘积的形式，虽然乘积是最常见的，但也可以是和、差或比值的形式。我们若用比值的形式，为避免被 0 除，我们应该为除数和被除数增加一个很小的常数。在多项式关系中，特征的数量和多项式的次数是没有限制的。然而，若是遵照"奥卡姆剃刀"原则，我们应该避免使用高次多项式和很多特征的交互项。在实际应用中，复杂的多项式关系往往难以计算，并且不会增加多大价值，但你若确实想得到更好的结果，可以考虑使用多项式特征。

1.7.6 幂次转换

幂次转换（power transform）函数是指将数值特征转换为更易于操作的形式的函数，比如将数值特征转换为更贴近正态分布的形式。量级不同的数值，经常用的转换方法是取对数。考虑到 0 和负数的对数没有定义，在取对数前，我们需要为相关特征的特征值加上一个常数。正数我们也可以取平方根，当然也可以用它们的平方形式，或其他需要的任意次幂。

另一种常用的转换方法是 Box-Cox 转换，它是以发明者的名字命名的。Box-Cox 转换试图寻找最佳幂次，将原始数据转换为接近正态分布的数据。该转换方法的定义如下：

$$y_i^{(\lambda)} = \begin{cases} \dfrac{y_i^{\lambda} - 1}{\lambda} & 若 \lambda \neq 0, \\ \ln(y_i) & 若 \lambda = 0. \end{cases}$$

1.7.7 面元划分[①]

有时，将特征值分到几个面元（bin）很有用。例如，我们也许只关注某天是否会下雨，而不关心下得多大。若给定降雨量，我们可将其二值化，如果降水量不为 0，特征值为真，反之为假。我们还可以用统计学方法将特征值划分为高、低和中等 3 个面元。

划分面元（binning）的过程不可避免地会损失信息。然而，这也许不是问题，实际上这还会降低过拟合的可能性，具体取决于你的目标。当然，划分面元也会提升速度，消耗更少的内存或存储。

1.8 模型组合

（中学）学生时代，我们和其他同学坐在一起，相互学习，但是考试时就不能这样了。原因当然是老师想知道我们学得怎么样，若是只抄袭同学的答案，我们也许什么都学不到。但毕业后，我们发现团队合作很重要。例如，本书就是整个团队，甚或是几个团队共同努力的结果。

一个团队显然比个人单打独斗能取得更好的结果。然而，这却违背了"奥卡姆剃刀"原则，因为比起一个团队，个人能提出更简单的理论。但是在机器学习领域，我们却更喜欢按以下策略综合利用多个模型：

- 重采样之装袋法 Bagging；

- 重采样之增强法 Boosting；

- 集成学习之组合法 Stacking；

- 集成学习之组合法 Blending；

- 投票和平均法。

---

① bining，若用分位数划分数据，可译为分箱。——译者注

1.8.1 Bagging

自助聚集（bootstrap aggregating）或**装袋法**（Bagging）是 Leo Breiman 于 1994 年提出的一种算法，该算法采用 Bootstrapping 方法解决机器学习问题。Bootstrapping 是一系列的统计学步骤，它对已有数据有放回地采样，生成数据集。Bootstrapping 可用于分析算数平均数、方差或其他统计量可能的取值。

该算法用以下步骤降低过拟合的可能性。

（1）对输入的训练数据有放回地采样，然后生成新的训练集。

（2）用每次新生成的训练集拟合模型。

（3）利用平均法或绝对多数投票法（majority voting），综合考虑多个模型的结果。

1.8.2 Boosting

对于有监督机器学习，我们将仅稍微好于基准（比如随机分类或使用均值）的学习器称为弱学习器。弱学习器就像蚂蚁一样，虽然单个作战很弱，但是组合在一起就能实现令人意想不到的结果。我们综合使用多个学习器时，可根据其学习能力赋予不同的权值。这种思想称为**增强**（boosting）。Boosting 算法有多种，它们之间的主要区别是权值策略不同。若是有备考经历，你也许已采用过类似的策略，比如找出不太会做的习题，把复习重点放在这些难题上。

识别图像中的脸部，使用的是一种专用框架，它也用到了 Boosting 算法。检测图像或视频中的人脸是一种有监督学习。我们为学习器提供的是包含人脸区域的示例。但两个类别的样本数不均衡，不包含人脸的区域通常更多（大约是包含人脸区域的 1 万倍之多）。在学习过程中，一组分类器逐步过滤掉不包含人脸的区域。在每轮迭代中，分类器使用更少图像窗口的更多特征。该算法的思路是，将大部分时间用在包含人脸的图像区域上。在人脸识别应用场景下，Boosting 是用来选取特征和整合结果的。

1.8.3 Stacking

Stacking 方法将机器学习估计器的输出输入另一算法中。当然，你可以将更高层级算法的输出输入到另一个预测器中。使用任意的拓扑结构都是可以的，但出于实际考虑，应首先尝试简单的结构，这里同样要遵照"奥卡姆剃刀"原则。

1.8.4 Blending

Blending 方法是赢得 Netflix 比赛 100 万美金的获胜者提出的。Netflix 公司举办电影推荐比赛，参赛选手需找出向公司用户推荐电影的最佳模型。Netflix 用户可为电影评 1 到 5 星，作为对电影的印象分。用户显然不可能为每部电影都打分，因此用户的电影打分矩阵是稀疏矩阵。Netflix 公开了隐去用户名的训练集和测试集。后来研究者找到一种方法，将 Netflix 数据和 IMDB 数据关联起来。出于隐私考虑，Netflix 不再公开他们的数据集。2008 年，几个团队将他们的模型组合起来，赢得了比赛。Blending 是 Stacking 的一种形式。但 Blending 最终的估计器只用一小部分训练数据训练。

1.8.5 投票和平均法

我们可用**绝对多数投票法**（majority voting）或**平均法**（averaging）得到最终结果。我们也可以为集成的几种模型赋予不同的权值。对于平均法而言，我们可以用几何平均或调和平均代替算数平均。通常，综合考虑几个高度相关的模型的结果不会带来太大的改善。模型之间最好有差异化，我们可使用不同的特征或算法来建模。若发现两个模型强相关，可从集成学习中删除其中一个模型，将所删除模型的权值加到与之强相关的模型上去。

1.9 安装和设置软件

在本书的大部分项目中，我们要用到 scikit-learn 和 matplotlib。这两个包依赖于 NumPy，如前所述，处理稀疏矩阵还要用到 SciPy。机器学习库 scikit-learn 在性能上做了优化，大部分代码的运行速度与其 C 语言的实现相当，NumPy 和 SciPy 亦是如此。提升代码速度的方法有很多，但是它们超出了本书的讲解范围，如欲了解更多，请参考相关文档。

matplotlib 包用于绘图和可视化。可视化还可以使用 seaborn 包。Seaborn 包底层使用 matplotlib。Python 还有几个可视化包，它们适用于不同的使用场景。matplotlib 包和 seaborn 包主要用于中小规模数据集的可视化。NumPy 包提供了 ndarray 类和多种实用的数组函数。ndarray 类可以实现一维或多维数组。该类还有多个子类，可表示矩阵、掩码数组（masked array）和异构记录阵列（heterogeneous record array）。从事机器学习工作的人员主要用 NumPy 数组存储特征向量或由特征向量组成的矩阵。SciPy 使用 NumPy 数组，提供多种科学和数学函数。若处理数据，我们还要用到 pandas 库。

本书将使用 Python 3。你也许知道，官方自 2020 年起不再支持 Python 2，因此我强烈建议你切换到 Python 3。你若是坚持使用 Python 2，修改示例代码，应该也能运行。依我之见，Anaconda Python 3 是最佳选择。Anaconda 是 Python 的一个免费发行版，适用于数据分析和科学计算。它有自己的包管理器 conda。该发行版囊括了 200 多个 Python 包，使用起来很方便。对于普通用户，Miniconda 发行版也许是更佳选择。Miniconda 内置了 conda 包管理器和 Python。

Anaconda 和 Miniconda 的安装步骤类似。显然，Anaconda 占的硬盘空间更多。按照 Anaconda 官网提供的指南安装即可。首先，根据你的操作系统选择合适的安装包，请留意 Python 的版本。你还可选择安装界面 GUI 或命令行的安装包。我使用 Python 3 安装包，虽然我系统的 Python 版本是 2.7。这样做是可以的，因为 Anaconda 内置了自己的 Python。安装后，Anaconda 在 home 目录下生成一个 anaconda 目录，大约 900MB。Miniconda 安装程序则会在 home 目录下生成 miniconda 目录。NumPy 的安装指南请见官网。

你还可以用 pip 安装 NumPy：

```
$ [sudo] pip install numpy
```

若用 Anaconda，NumPy 的安装方法如下：

```
$ conda install numpy
```

如要安装其他依赖包，将上述命令中的 NumPy 替换为要安装的包名即可。请仔细阅读相关文档，所有安装方法并不是每种操作系统都适用。pandas 的安装文档请见官网。

1.10 问题解决和寻求帮助

当前，最好的论坛是 stackoverflow[①]，你也可以加入邮件列表或 IRC 频道。相关邮件列表如下。

- scikit-learn 邮件列表。

- NumPy 和 SciPy 邮件列表。

---

① 我们在有些招聘启事中，会看到高 SO 积分是加分项这样的说法，这里所说的 SO 积分，就是程序员在这个网站获得的积分。
——译者注

IRC 频道。

- #scikit-learn @ freenode。

- #scipy @ freenode。

1.11 小结

我们刚跑完 Python 和机器学习旅程的头 1km！通过本章的学习，我们熟悉了机器学习的基础知识。我们从机器学习是什么讲起，介绍了它（在数据时代背景下）的重要性、简史和最近发展趋势。我们还学习了常见的机器学习任务，探讨了数据处理和建模的几种必备技术。我们用机器学习基础知识武装好自己，并安装和配置好了常用软件和工具。准备开始学习后续章节源自业界的机器学习实例吧！

第 2 章
用文本分析算法探索 20 个新闻组
数据集

在第 1 章，我们学习了机器学习的很多基本概念，并将其类比于学习备考、规划开车上班的时间和路线，这种对比很有趣吧。正如先前所许诺的，本章起我们将开始学习之旅的第二步，深入探索机器学习的一些重要算法和技术。我们不再满足于通过类比的方式学习，我们将直面算法和技术，并用它们解决实际问题，我们的学习之旅将更加有趣。我们从一个经典的自然语言处理问题——本章要讲的新闻组话题建模[①]开始，亲自动手处理文本数据，我们将获得实操经验，特别是如何将单词和短语转换为机器能读懂的数值这方面的经验。我们将用无监督学习方式，利用 k 均值（k-means）和非负矩阵分解（non-negative matrix factorization）这两种聚类算法完成该项目。

在本章中，我们将深入讲解以下主题。

- 什么是 NLP？它有哪些应用？

- Python NLP 库之旅。

- 自然语言处理工具集和常见的 NLP 任务。

- 新闻组数据。

- 获取新闻组数据。

---

① topic modeling，译为话题建模。阅读文献，也经常遇到 topic model，一般译为话题模型。topic 也有人译为主题。——译者注

- 思考特征。

- 新闻组数据可视化。

- 数据预处理：分词、词干提取和词形还原。

- 聚类和无监督学习。

- k 均值聚类。

- 非负矩阵分解。

- 话题建模。

2.1 什么是 NLP

20 个新闻组数据集，顾名思义，由从新闻文章抽取的文本组成。它是由 Ken Lang 采集的，广泛用于机器学习技术驱动的文本类应用的实验，尤其是用自然语言处理技术开发文本类应用。

自然语言处理（Natural Language Processing，NLP）是机器学习的一个重要领域，它研究机器（计算机）和人类（自然）语言之间的交互。自然语言不局限于演讲和对话，它们也可以是书面语或符号语言。NLP 任务所用的数据形式多样，有社交媒体、网页、医学处方的文本、音频邮件、控制系统的命令，甚至是我们最喜欢的音乐或电影的音频。如今，NLP 广泛应用于日常生活：我们的生活离不开机器翻译；天气预报的脚本是自动生成的；我们发现语音搜索很方便；有了智能问答系统，我们可以快速获得问题的答案（比如，加拿大的人口是多少？）；语音转文本技术可帮助有特殊需求的学生。

机器若能像人一样，理解语言，我们就可认为它具有智能。1950 年，著名的数学家（艾伦·图灵）在题为"Computing Machinery and Intelligence"一文中，提出了一项可以评判机器是否具有智能的测试标准，该标准后被称为**图灵测试**（Turing test）。它的目标是检验计算机是否能充分理解语言，以至于让人类误以为计算机是一个人。至今，还没有计算机能够通过图灵测试，这一点似乎不足为奇。20 世纪 50 年代，自然语言处理的历史开启了。

理解一门语言也许很困难，但自动将文本从一种语言译为另一种语言是否比较简单一些？我还记得人生的第一堂编程课，实验手册上印有很初级的机器翻译算法。我们能够想象，这种水平的翻译算法，无非是查词典，生成译文。更加可行的方法则是，收集人们已翻译的文本，用它们训练计算机程序。1954 年，科学家在 Georgetown-IBM 实验（乔治城大学和 IBM 合作的一个项目）中宣称机器翻译将在 3～5 年内解决。

不幸的是，能够击败翻译员的机器翻译系统至今还没有。但自从引入深度学习方法之后，机器翻译的质量有了大幅提升。

聊天机器人（conversational agent 或 chatbot）是 NLP 领域的另一热门话题。计算机能够与人对话这一事实改变了商业的运作方式。2016 年，微软公司的人工智能聊天机器人 Tay 发布，它模仿一个少女，可在 Twitter 上与用户实时对话。她从用户发表的推文和评论中，学习如何聊天。然而，一波波推文袭来，她招架不住，自动学习了他们的恶言恶语，开始输出不合适的推文到她的主页。她在 24 小时之内就被关停。

还有一些 NLP 任务尝试组织知识和概念，从而降低计算机程序操作它们的难度。我们组织和表示概念的方式称为**本体论**（ontology）。本体定义的是概念与概念间的关系。例如，我们可以用所谓的本体三元组表示两个概念之间的关系，比如 Python 是一门编程语言。

在 NLP 的重要应用场景中，比以上使用场景更偏底层的是词性标注。**词性**（Part Of Speech，POS）是语法意义上单词的类别，比如名词或动词。词性标注尝试确定句子或更长的文档中每个单词的词性。举几个英语单词词性的例子，如表 2-1 所示。

表 2-1　　　　　　　　　　　　　　英语单词词性示例

词性	示例
名词（noun）	david、machine
代词（pronoun）	them、her
形容词（adjective）	awesome、amazing
动词（verb）	read、write
副词（adverb）	very、quite
介词（preposition）	out、at
连词（conjunction）	and、but
感叹词（interjection）	oh[①]
冠词（article）	a、the

---

① 原书此处的 unfortunately、luckily 实为副词。——译者注

2.2 强大的 Python NLP 库之旅

介绍了 NLP 的几种实际应用之后，接下来这一部分将带你一览 Python NLP 技术栈。这些 Python 包可处理包括前面提到的几种 NLP 应用在内的多种 NLP 任务，比如情感分析、文本分类、命名实体识别等。

用 Python 编写的、最著名的 NLP 库有**自然语言处理工具集**（Natural Language Toolkit，NLTK）、Gensim 和 TextBlob。sicikit-learn 库也提供了 NLP 的相关功能。NLTK 最初是为教育而开发的，如今在业界也被广泛应用。有这样一种说法，不提 NLTK，无以言 NLP。它是用 Python 开发 NLP 应用最著名、也是最为领先的平台之一。我们在终端运行 `sudo pip install -U nltk` 命令，即可安装它。

NLTK 配备了 50 多种大型、结构良好的文本数据集，用 NLP 的术语来讲，它们称为语料库（corpora[①]）。语料库可用作检验单词是否出现的词典，也可用作模型学习和训练的数据集。NLTK 中一些实用且有趣的语料库介绍如下：Web 文本语料库（Web Text Corpus）、Twitter 推文数据（Twitter Sample）、莎士比亚作品数据（Shakespeare XML Corpus Sample）、情感极性（Sentiment Polarity）、姓名语料库（Names Corpus，它包含常用名字，稍后我们会使用）、Wordnet 和路透社基准语料库（Reuters-21578 benchmark corpus）。NLTK 的所有语料库列表请见官网。不论要用哪个语料库的资源，使用之前，我们都得在 Python 解释器中运行如下脚本来下载语料库：

```
>>> import nltk
>>> nltk.download()
```

运行上述命令，将弹出一个新窗口，询问我们要下载哪个包或语料库，如图 2-1 所示。

我强烈建议你安装整个包，它囊括了本书及以后做研究要用到的所有重要的数据集，大家一般都这么干。安装好之后，我们立马来探索一番它的姓名语料库 Names。

首先，导入该语料库：

```
>>> from nltk.corpus import names
```

———————————

① 单数形式 corpus 也很常见。——译者注

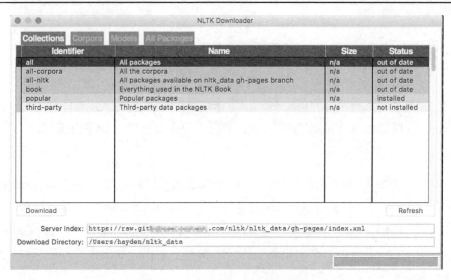

图 2-1　NLTK 自带的下载管理器

用以下代码输出列表的前 10 个名字：

```
>>> print names.words()[:10]
[u'Abagael', u'Abagail', u'Abbe', u'Abbey', u'Abbi', u'Abbie',
u'Abby', u'Abigael', u'Abigail', u'Abigale']
```

共有 7944 个名字：

```
>>> print len(names.words())
7944
```

其他语料库也很有趣，同样值得探索。

NLTK 除了提供这些易于使用且数据丰富的语料库外，更重要的是它为攻克以下多种 NLP 和文本分析任务提供了莫大帮助。

- **分词**（tokenization）：分词是指将给定文本序列切分为用空格隔开的字符片段，通常还会捎带删除标点、数字和表情符号。分词得到的这些字符片段称为**词串**（token），留待进一步处理。一个单词组成的词串，在计算语言学中称为**一元组**（unigram）；原文中紧邻的两个单词组成的，称为**二元组**（bigram）；3 个连续的单词组成的，称为**三元组**（trigram）；*n* 个连续的单词组成的，称为 *n* **元组**（n-gram）。分词示例如图 2-2 所示。

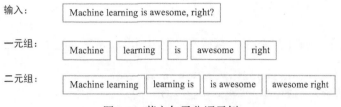

图 2-2 英文句子分词示例

- **词性标注**（POS tagging）：我们可利用现成的标注器标注词性，也可以综合利用 NLTK 的多个标注器来自定义标注过程。直接使用内置的标注函数 `pos_tag` 很简单，比如我们可以这样用：`pos_tag(input_tokens)`。但是该函数调用的背后，实际上是用预先建好的有监督学习模型做预测。该模型是用大型语料库训练的，语料库中的单词事先已正确标注了词性。

- **命名实体识别**（named entities recognition）：给定文本序列，命名实体识别的任务是定位和识别起定义作用的单词或短语，比如人名、公司名和位置。下一章还会详细介绍该内容。

- **词干抽取**（stemming）和**词形还原**（lemmatization）：词干抽取是指将屈折变化后或派生得到的单词转换回原形的过程。比如，machine 是 machines 的词干，learning 和 learned 来自 learn。词形还原比起词干抽取更加小心谨慎，还原词形时，需要考虑单词的词性。稍后我们会更加详细地讨论这两种文本预处理技术。现在，我们先来快速了解下它们在 NLTK 中是如何实现的。

首先，导入 3 个内置的词干抽取算法中的 PorterStemmer（另外两个是 LancasterStemmer 和 SnowballStemmer），并初始化一个词干抽取器：

```
>>> from nltk.stem.porter import PorterStemmer
>>> porter_stemmer = PorterStemmer()
```

抽取 machine 和 learning 的词干：

```
>>> porter_stemmer.stem('machines')
u'machin'
>>> porter_stemmer.stem('learning')
u'learn'
```

请注意抽取词干时，如有必要的话，抽取器还会将某些字母切去，比如上面的 machin

就切去了字母 e。

现在，导入基于内置的 Wordnet 语料库实现的词形还原算法，并初始化一个词形还原器：

```
>>> from nltk.stem import WordNetLemmatizer
>>> lemmatizer = WordNetLemmatizer()
```

类似地，我们也可以还原 machines 和 learning：

```
>>> lemmatizer.lemmatize('machines')
u'machine'
>>> lemmatizer.lemmatize('learning')
'learning'
```

为什么经过还原操作之后，learning 的词形并未发生变化？原因是该算法默认只还原名词的词形。

Radim Rehurek 开发的 Gensim 库最近几年颇受欢迎。在 2008 年最初设计时，它的功能是生成给定文章的相似文章列表，它的名字也就是这么来的（Gensim 是 generate similar 的缩写）。后来，Radim Rehurek 又大幅改进了它的效率和可扩展性。该库同样可以在终端安装，非常简单，只要运行 pip install --upgrade gensim 即可。它依赖 NumPy 和 SciPy 库，在安装它之前，请确保这两个库已安装。

Gensim 以它强大的语义和话题建模算法而出名。话题建模是一种典型的文本挖掘任务，旨在发现文档中的隐语义结构。语义结构说白了就是词语在文档中的分布，显然它是一种无监督学习任务。我们需要输入普通文本，让模型从中找出抽象的话题。

除了强大的语义建模方法外，Gensim 还具有以下功能。

- **相似度查询**：检索与给定查询对象相似的对象。
- **词向量化**：一种表征词的新方法，可保留词语之间的共现特征。
- **分布式计算**：可高效地从百万级文本学习。

TextBlob 是在 NLTK 基础上开发的一个相对较新的库。它不仅提供简单易用的内置函数和方法，还封装了常用任务，简化了 NLP 和文本分析任务。在终端运行 pip install -U textblob 命令，即可安装 TextBlob。

此外，TextBlob 还具有目前 NLTK 所没有的功能，比如拼写检查和纠正以及语言检测和翻译。

虽然最后才讲 scikit-learn，但是它也很重要，正如在第一章所讲的，scikit-learn 是全书都要用到的主要库。幸运的是，它提供了我们所需的全部文本处理功能（比如分词）和多种机器学习功能。此外，它还内置了 20 个新闻组数据集的加载器。

我们了解了用什么工具，并正确安装它们之后，那数据又是什么情况呢？

2.3 新闻组数据集

本书的第一个项目，我们使用了 scikit-learn 的 20 个新闻组数据集。该数据集包括了 20 个在线新闻组的大约 20 000 篇文章。新闻组是网上就特定话题展开问答的场所。该数据集已按特定日期，切分成训练集和测试集。

数据集中所有文档为英文。从新闻组的名称即可推断出它们讨论的话题。

其中，一些新闻组紧密相关，甚至重合，比如这 5 个计算机新闻组（comp.graphics、comp.os.ms-windows.misc、comp.sys.ibm.pc.hardware、comp.sys.mac.hardware 和 comp.windows.x），而某些新闻组又非常不相关，比如棒球新闻组（rec.sport.baseball）。数据集被做了标注，每篇文档由文本数据和一组标签组成，非常适合有监督学习任务，比如文本分类。我们将在第 4 章详细介绍有监督学习。现在，我们还是重点介绍无监督学习，从获取数据讲起。

2.4 获取数据

从原网站或其他在线仓库手动下载数据集是可以的，只不过该数据集有很多版本，有些做过一定程度的清洗，有些则还是原始数据格式。为了避免混淆，我们最好使用一致的方法来获取该数据集。scikit-learn 库提供了一个功能函数，可用该函数来加载该数据集。

下载数据集后，scikit-learn 自动将其加载到缓存中，我们无须再次下载。大多数情况下，缓存数据集可视为一种最佳实践，尤其是数据集相对较小的情况。其他 Python 库也提供下载函数，但并不是都实现了自动缓存功能。这是我们喜欢 scikit-learn 的另一个原因。

加载该数据集前，先导入该数据集的加载器：

```
>>> from sklearn.datasets import fetch_20newsgroups
```

然后，我们用加载器下载数据集，使用默认参数即可。

```
>>> groups = fetch_20newsgroups()
```

我们也可以指定一个或多个话题或数据集的某个部分（训练集、测试集或两者都要），也可以只加载数据集的一个子集。加载器函数的所有参数和参数值如表 2-2 所示。

表 2-2   加载器参数介绍

参数	默认参数值	参数值示例	描述
subset	train	train、test、all	加载训练集、测试集还是加载全部数据集
data_home	~/scikit_learn_data	~/myfiles	数据集存储目录
categories	None	alt.atheism、sci.space	要加载的新闻组名称列表。默认加载所有新闻组
shuffle	True	True、False	布尔值，表明是否要打乱数据的顺序
random_state	42	7、43	打乱数据所依据的整型随机种子
remove	()	header、footers、quotes	元组，表明省略文章的哪一部分（头、尾和引用）。默认不省略任何部分
download_if_missing	True	True、False	布尔值，表明如果在本地未找到数据，是否下载

2.5   思考特征

不论用哪一种方式下载，下载了 20 个新闻组数据集之后，我们就可在程序中用数据对象 groups 调用数据集了。该数据对象是键值对形式的字典结构，它的键如下所示。

```
>>> groups.keys()
dict_keys(['description', 'target_names', 'target', 'filenames',
    'DESCR', 'data'])
```

键 `target_names` 给出了 20 个新闻组的名称:

```
>>> groups['target_names']
['alt.atheism', 'comp.graphics', 'comp.os.ms-windows.misc',
'comp.sys.ibm.pc.hardware', 'comp.sys.mac.hardware', 'comp.windows.x',
'misc.forsale', 'rec.autos', 'rec.motorcycles', 'rec.sport.baseball',
'rec.sport.hockey', 'sci.crypt', 'sci.electronics', 'sci.med', 'sci.space',
'soc.religion.christian', 'talk.politics.guns', 'talk.politics.mideast',
'talk.politics.misc', 'talk.religion.misc']
```

键 `target` 为 20 个新闻组所有文档的话题编号(属于哪个新闻组)列表,话题编号是用整数表示的:

```
>>> groups.target
array([7, 4, 4, ..., 3, 1, 8])
```

上述输出结果中共有多少个不同的整数?我们可用 NumPy 的 `unique` 函数找出来:

```
>>> import numpy as np
>>> np.unique(groups.target)
array([ 0, 1, 2, 3, 4, 5, 6, 7, 8, 9, 10, 11, 12, 13, 14, 15, 16,
       17, 18, 19])
```

从 0 到 19,共有 20 个数,代表 20 个话题。我们看下第一篇文档的话题编号和对应的新闻组名称:

```
>>> groups.data[0]
"From: lerxst@wam.umd.edu (where's my thing)\nSubject: WHAT car is
this!?\nNntp-Posting-Host: rac▆▆▆▆▆du\nOrganization: University of
Maryland, College Park\nLines: 15\n\n I was wondering if anyone out there
could enlighten me on this car I saw\nthe other day. It was a 2-door sports
car, looked to be from the late 60s/\nearly 70s. It was called a Bricklin.
The doors were really small. In addition,\nthe front bumper was separate
from the rest of the body. This is \nall I know. If anyone can tellme a
model name, engine specs, years\nof production, where this car is made,
history, or whatever info you\nhave on this funky looking car, please email.\
n\nThanks,\n- IL\n ---- brought to you by your neighborhood Lerxst
----\n\n\n\n\n"
>>> groups.target[0]
7
>>> groups.target_names[groups.target[0]]
'rec.autos'
```

从以上输出可见，第一篇文档来自 rec.autos 新闻组，该新闻组的编号为 7。阅读该文章，不难看出它是关于汽车的。单词 car 实际上在文章中出现了好几次。bumper（保险杠）等单词看上去也和汽车相关。然而，doors（门）等单词也许不一定跟汽车有关，它们也可能出现在家居装修或其他话题中。捎带一提，不区分 doors、door 或同一单词的大小写形式（比如 Doors）是有道理的。需要区分大小写的情况很少见，比如我们要找出一篇文档是介绍乐队 The Doors，还是介绍门（用木头做的）这一更普通的概念时，则需区分大小写。

我们可以大胆下结论，如想知道一篇文档是否出自 rec.autos 新闻组，car、doors 和 bumper 这类词的出现与否，是很有帮助的特征。出现或不出现，可用一个布尔型变量来表示，我们也可以考察特定单词的出现次数。例如，car 在文档中出现了多次。也许这样的词在文档中出现次数越多，文档与汽车相关的可能性就越大。文档长度不同，特定单词出现次数也存在差异。显然，长文本通常词汇量更大，因而我们还得抵消词汇量大的影响。例如，头两篇文档长度不同：

```
>>> len(groups.data[0])
721
>>> len(groups.data[1])
858
```

那么，我们是否应该考虑文档的长度？以我之见，本书页数即使发生变化（在合理范围内），本书也还是与 Python 和机器学习相关的；因而，文章的长度可能不是一个很显著的特征。

单词序列呢？比如 front bumper（前保险杠）、sports car（赛车）和 engine specs（发动机类型）这些短语似乎强烈表明文档是以汽车为主题的。然而，car 出现的频率比 sports car 更频繁。并且，二元组的数量比去重后得到的一元组数量多得多。比如，this car 和 looking car 二元组，对新闻组分类而言，二者所拥有的信息量基本相同。显然，一些词的信息量很小。在所有类别的文档中都频繁出现的单词，比如 a、the 和 are 称为**停用词**（stop word），我们应该忽略它们。我们只对特定单词是否出现及其出现次数或其他度量值感兴趣，而不关心单词的出现次序。因而，我们可将文本看作装有若干单词的袋子，这种模型称为**词袋模型**（bag of words model）。虽然这是一种很基础的模型，但在实际应用中效果不错。我们也可定义更复杂的模型，将单词的次序和词性考虑在内。然而，这类复杂模型计算开销更大，代码实现的难度也很大。基本的词袋模型能满足大多数需求。你不信？我们可尝试绘制一元组的分布图，来看看词袋模型是否好用。

2.6 可视化

可视化技术可以展示数据，让用户大致了解数据的结构、发现潜在问题并断明数据是否含有需特殊处理的不规则结构。可视化技术大有裨益。

在多话题或类别分类任务中，明确话题的分布很重要。与类别分布均匀，则最容易处理，因为不存在欠代表或过代表的类别。然而，数据集的分布往往是有倾向的，一个或多个类别会占主导地位。我们用 seaborn 包计算类别的直方图，并用 matplotlib 包绘图。两个包都可用 pip 安装。我们通过以下代码绘制各类别的分布图：

```
>>> import seaborn as sns
>>> sns.distplot(groups.target)
<matplotlib.axes._subplots.AxesSubplot object at 0x108ada6a0>
>>> import matplotlib.pyplot as plt
>>> plt.show()
```

上述代码的输出结果如图 2-3 所示。

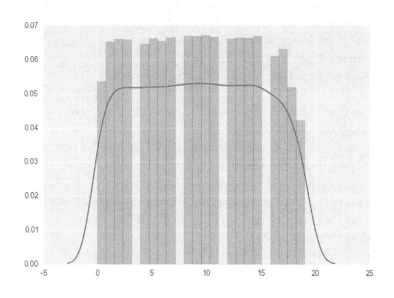

图 2-3 新闻组数据集话题类别分布图

如图 2-3 所示，各类别（近似）服从均匀分布，我们又少了件担心的事。

20 个新闻组数据集的文本数据维度很高。每个特征都得用一维来表示。我们若是用单词计数作为特征，那么感兴趣的特征有多少，维度就有多少。若用一元组计数，那么我们使用 CountVectorizer 类，它的参数说明请见表 2-3。

表 2-3   CountVectorizer 参数说明

构造器参数	默认参数值	参数值示例	描述
ngram_range	(1,1)	(1, 2)、(2, 2)	从输入的文本中抽取 n 元组的下限和上限
stop_words	None	English、[a, the, of]、None	使用哪个停用词表。若为 None，则不过滤停用词
lowercase	True	True、False	抽取特征时，是否将字母转换为小写
max_features	None	None、500	若不用 None，仅抽取有限数量的特征
binary	False	True、False	若设为 True，所有非零的单词计数都算作 1 次

我们用下面代码绘制 500 个高频词的单词计数直方图：

```
>>> from sklearn.feature_extraction.text import CountVectorizer
>>> import numpy as np
>>> import matplotlib.pyplot as plt
>>> import seaborn as sns
>>> from sklearn.datasets import fetch_20newsgroups

>>> cv = CountVectorizer(stop_words="english", max_features=500)
>>> groups = fetch_20newsgroups()
>>> transformed = cv.fit_transform(groups.data)
>>> print(cv.get_feature_names())

>>> sns.distplot(np.log(transformed.toarray().sum(axis=0)))
>>> plt.xlabel('Log Count')
>>> plt.ylabel('Frequency')
>>> plt.title('Distribution Plot of 500 Word Counts')
>>> plt.show()
```

输出结果如图 2-4 所示。

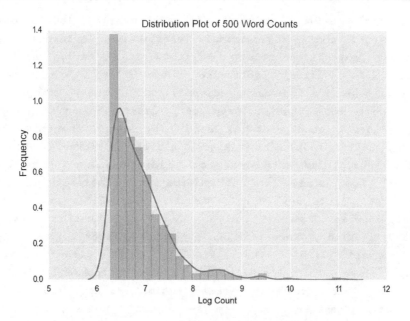

图 2-4　500 个高频词的单词计数直方图

500 个高频词列表如下：

```
['00', '000', '0d', '0t', '10', '100', '11', '12', '13', '14', '145',
'15', '16', '17', '18', '19', '1993', '1d9', '20', '21', '22', '23', '24',
'25', '26', '27', '28', '29', '30', '31', '32', '33', '34', '34u', '35',
'40', '45', '50', '55', '80', '92', '93', '__', '___', 'a86', 'able', 'ac',
'access', 'actually', 'address', 'ago', 'agree', 'al', 'american',
'andrew', 'answer', 'anybody', 'apple', 'application', 'apr', 'april',
'area', 'argument', 'armenian', 'armenians', 'article', 'ask', 'asked',
'att', 'au', 'available', 'away', 'ax', 'b8f', 'bad', 'based', 'believe',
'berkeley', 'best', 'better', 'bible', 'big', 'bike', 'bit', 'black',
'board', 'body', 'book', 'box', 'buy', 'ca', 'california', 'called',
'came', 'canada', 'car', 'card', 'care', 'case', 'cause', 'cc', 'center',
'certain', 'certainly', 'change', 'check', 'children', 'chip', 'christ',
'christian', 'christians', 'church', 'city', 'claim', 'clinton', 'clipper',
'cmu', 'code', 'college', 'color', 'colorado', 'columbia', 'com', 'come',
'comes', 'company', 'computer', 'consider', 'contact', 'control', 'copy',
'correct', 'cost', 'country', 'couple', 'course', 'cs', 'current', 'cwru',
'data', 'dave', 'david', 'day', 'days', 'db', 'deal', 'death',
'department', 'dept', 'did', 'didn', 'difference', 'different', 'disk',
'display', 'distribution', 'division', 'dod', 'does', 'doesn', 'doing',
```

'don', 'dos', 'drive', 'driver', 'drivers', 'earth', 'edu', 'email',
'encryption', 'end', 'engineering', 'especially', 'evidence', 'exactly',
'example', 'experience', 'fact', 'faith', 'faq', 'far', 'fast', 'fax',
'feel', 'file', 'files', 'following', 'free', 'ftp', 'g9v', 'game',
'games', 'general', 'getting', 'given', 'gmt', 'god', 'going', 'good',
'got', 'gov', 'government', 'graphics', 'great', 'group', 'groups',
'guess', 'gun', 'guns', 'hand', 'hard', 'hardware', 'having', 'health',
'heard', 'hell', 'help', 'hi', 'high', 'history', 'hockey', 'home', 'hope',
'host', 'house', 'hp', 'human', 'ibm', 'idea', 'image', 'important',
'include', 'including', 'info', 'information', 'instead', 'institute',
'interested', 'internet', 'isn', 'israel', 'israeli', 'issue', 'james',
'jesus', 'jewish', 'jews', 'jim', 'john', 'just', 'keith', 'key', 'keys',
'keywords', 'kind', 'know', 'known', 'large', 'later', 'law', 'left',
'let', 'level', 'life', 'like', 'likely', 'line', 'lines', 'list',
'little', 'live', 'll', 'local', 'long', 'look', 'looking', 'lot', 'love',
'low', 'ma', 'mac', 'machine', 'mail', 'major', 'make', 'makes', 'making',
'man', 'mark', 'matter', 'max', 'maybe', 'mean', 'means', 'memory', 'men',
'message', 'michael', 'mike', 'mind', 'mit', 'money', 'mr', 'ms', 'na',
'nasa', 'national', 'need', 'net', 'netcom', 'network', 'new', 'news',
'newsreader', 'nice', 'nntp', 'non', 'note', 'number', 'numbers', 'office',
'oh', 'ohio', 'old', 'open', 'opinions', 'order', 'org', 'organization',
'original', 'output', 'package', 'paul', 'pay', 'pc', 'people', 'period',
'person', 'phone', 'pitt', 'pl', 'place', 'play', 'players', 'point',
'points', 'police', 'possible', 'post', 'posting', 'power', 'president',
'press', 'pretty', 'price', 'private', 'probably', 'problem', 'problems',
'program', 'programs', 'provide', 'pub', 'public', 'question', 'questions',
'quite', 'read', 'reading', 'real', 'really', 'reason', 'religion',
'remember', 'reply', 'research', 'right', 'rights', 'robert', 'run',
'running', 'said', 'sale', 'san', 'saw', 'say', 'saying', 'says', 'school',
'science', 'screen', 'scsi', 'season', 'second', 'security', 'seen',
'send', 'sense', 'server', 'service', 'services', 'set', 'similar',
'simple', 'simply', 'single', 'size', 'small', 'software', 'sorry', 'sort',
'sound', 'source', 'space', 'speed', 'st', 'standard', 'start', 'started',
'state', 'states', 'steve', 'stop', 'stuff', 'subject', 'summary', 'sun',
'support', 'sure', 'systems', 'talk', 'talking', 'team', 'technology',
'tell', 'test', 'text', 'thanks', 'thing', 'things', 'think', 'thought',
'time', 'times', 'today', 'told', 'took', 'toronto', 'tried', 'true',
'truth', 'try', 'trying', 'turkish', 'type', 'uiuc', 'uk', 'understand',
'university', 'unix', 'unless', 'usa', 'use', 'used', 'user', 'using',
'usually', 'uucp', 've', 'version', 'video', 'view', 'virginia', 'vs',

```
'want', 'wanted', 'war', 'washington', 'way', 'went', 'white', 'win',
'window', 'windows', 'won', 'word', 'words', 'work', 'working', 'works',
'world', 'wouldn', 'write', 'writes', 'wrong', 'wrote', 'year', 'years',
'yes', 'york']
```

我们第一次的尝试得到了上面所列的 500 个高频词词表，我们的目标是找出最具指示意义的特征。但上述列表不够完美。我们能改善它吗？是的，用下节所讲的数据预处理技巧就能改善它。

2.7　数据预处理

在上述列表中，有些词明显不是单词，比如 00 和 000。我们也许应该忽略只包含数字的元素。然而，0d 和 0t 也不是单词。列表中还有__这样的元素，因此我们也许应该只考虑仅包含字母的元素。这些文章还包含 andrew 这样的人名。我们可用前面使用过的 NLTK 姓名语料库 Names 过滤姓名。当然，不论怎么过滤，都必须确保不要损失信息。最后，我们还看到了非常相似的单词，比如 try 和 trying、word 和 words。

我们有两种基本策略来处理词根相同的单词——**词干抽取**和**词形还原**。词干抽取更快，但比较粗糙。必要时，它还得切掉字母，比如“words”抽取词干后为“word”。词干抽取后得到的不一定是合法的单词。而词形还原虽然较慢但更准确。词形还原过程要查找词典，因此可保证返回的是合法的单词，若输入的单词不合法则另当别论。还记得吧，前面有一节我们用 NLTK 实现了词干抽取和词形还原。

我们复用前一节抽取 500 个高频词的代码，但这次加入过滤操作[①]：

```
>>> from sklearn.feature_extraction.text import CountVectorizer
>>> from sklearn.datasets import fetch_20newsgroups
>>> from nltk.corpus import names
>>> from nltk.stem import WordNetLemmatizer

>>> def letters_only(astr):
 return astr.isalpha()

>>> cv = CountVectorizer(stop_words="english", max_features=500)
```

---

① 代码倒数第 6 行，word.lower()后面丢了半边英文小括号。——译者注

```
>>> groups = fetch_20newsgroups()
>>> cleaned = []
>>> all_names = set(names.words())
>>> lemmatizer = WordNetLemmatizer()

>>> for post in groups.data:
 cleaned.append(' '.join([lemmatizer.lemmatize(word.lower())
 for word in post.split()
 if letters_only(word)
 and word not in all_names]))

>>> transformed = cv.fit_transform(cleaned)
>>> print(cv.get_feature_names())
```

我们得到了以下特征：

```
['able', 'accept', 'access', 'according', 'act', 'action', 'actually',
'add', 'address', 'ago', 'agree', 'algorithm', 'allow', 'american',
'anonymous', 'answer', 'anybody', 'apple', 'application', 'apr', 'arab',
'area', 'argument', 'armenian', 'article', 'ask', 'asked', 'assume',
'atheist', 'attack', 'attempt', 'available', 'away', 'bad', 'based',
'basic', 'belief', 'believe', 'best', 'better', 'bible', 'big', 'bike',
'bit', 'black', 'board', 'body', 'book', 'box', 'build', 'bus', 'business',
'buy', 'ca', 'california', 'called', 'came', 'car', 'card', 'care',
'carry', 'case', 'cause', 'center', 'certain', 'certainly', 'chance',
'change', 'check', 'child', 'chip', 'christian', 'church', 'city', 'claim',
'clear', 'clipper', 'code', 'college', 'color', 'come', 'coming',
'command', 'comment', 'common', 'communication', 'company', 'computer',
'computing', 'consider', 'considered', 'contact', 'control', 'controller',
'copy', 'correct', 'cost', 'country', 'couple', 'course', 'cover',
'create', 'crime', 'current', 'cut', 'data', 'day', 'db', 'deal', 'death',
'department', 'design', 'device', 'did', 'difference', 'different',
'discussion', 'disk', 'display', 'division', 'dod', 'doe', 'doing',
'drive', 'driver', 'drug', 'early', 'earth', 'easy', 'effect', 'email',
'encryption', 'end', 'engineering', 'entry', 'error', 'especially',
'event', 'evidence', 'exactly', 'example', 'expect', 'experience',
'explain', 'face', 'fact', 'faq', 'far', 'fast', 'federal', 'feel',
'figure', 'file', 'final', 'following', 'food', 'force', 'form', 'free',
'friend', 'ftp', 'function', 'game', 'general', 'getting', 'given', 'gmt',
'goal', 'god', 'going', 'good', 'got', 'government', 'graphic', 'great',
```

'greek', 'ground', 'group', 'guess', 'gun', 'guy', 'ha', 'hand', 'hard',
'hardware', 'having', 'head', 'health', 'hear', 'heard', 'hell', 'help',
'high', 'history', 'hit', 'hockey', 'hold', 'home', 'hope', 'house',
'human', 'ibm', 'idea', 'image', 'important', 'include', 'includes',
'including', 'individual', 'info', 'information', 'instead', 'institute',
'interested', 'interesting', 'international', 'internet', 'israeli',
'issue', 'jew', 'jewish', 'job', 'just', 'key', 'kill', 'killed', 'kind',
'know', 'known', 'la', 'large', 'later', 'law', 'le', 'lead', 'league',
'left', 'let', 'level', 'life', 'light', 'like', 'likely', 'line', 'list',
'little', 'live', 'local', 'long', 'longer', 'look', 'looking', 'lost',
'lot', 'love', 'low', 'machine', 'mail', 'main', 'major', 'make', 'making',
'man', 'manager', 'matter', 'maybe', 'mean', 'medical', 'member', 'memory',
'men', 'message', 'method', 'military', 'million', 'mind', 'mode', 'model',
'money', 'monitor', 'month', 'moral', 'mouse', 'muslim', 'na', 'nasa',
'national', 'near', 'need', 'needed', 'network', 'new', 'news', 'nice',
'north', 'note', 'number', 'offer', 'office', 'old', 'open', 'opinion',
'order', 'original', 'output', 'package', 'particular', 'past', 'pay',
'pc', 'people', 'period', 'person', 'personal', 'phone', 'place', 'play',
'player', 'point', 'police', 'policy', 'political', 'position', 'possible',
'post', 'posted', 'posting', 'power', 'president', 'press', 'pretty',
'previous', 'price', 'private', 'probably', 'problem', 'product',
'program', 'project', 'provide', 'public', 'purpose', 'question', 'quite',
'radio', 'rate', 'read', 'reading', 'real', 'really', 'reason', 'recently',
'reference', 'religion', 'religious', 'remember', 'reply', 'report',
'research', 'response', 'rest', 'result', 'return', 'right', 'road',
'rule', 'run', 'running', 'russian', 'said', 'sale', 'san', 'save', 'saw',
'say', 'saying', 'school', 'science', 'screen', 'scsi', 'second',
'section', 'security', 'seen', 'sell', 'send', 'sense', 'sent', 'serial',
'server', 'service', 'set', 'shall', 'short', 'shot', 'similar', 'simple',
'simply', 'single', 'site', 'situation', 'size', 'small', 'software',
'sort', 'sound', 'source', 'space', 'special', 'specific', 'speed',
'standard', 'start', 'started', 'state', 'statement', 'stop', 'strong',
'study', 'stuff', 'subject', 'sun', 'support', 'sure', 'taken', 'taking',
'talk', 'talking', 'tape', 'tax', 'team', 'technical', 'technology',
'tell', 'term', 'test', 'texas', 'text', 'thanks', 'thing', 'think',
'thinking', 'thought', 'time', 'tin', 'today', 'told', 'took', 'total',
'tried', 'true', 'truth', 'try', 'trying', 'turkish', 'turn', 'type',
'understand', 'unit', 'united', 'university', 'unix', 'unless', 'usa',
'use', 'used', 'user', 'using', 'usually', 'value', 'various', 'version',
'video', 'view', 'wa', 'want', 'wanted', 'war', 'water', 'way', 'weapon',

```
'week', 'went', 'western', 'white', 'widget', 'willing', 'win', 'window',
'woman', 'word', 'work', 'working', 'world', 'write', 'written', 'wrong',
'year', 'york', 'young']
```

该列表看似更加干净。我们也许还可以只挑名词或其他词性作为替代方案。

2.8　聚类

无监督学习方法**聚类**（clustering）将数据集各样本分到多个簇，通常我们不知道样本的任何标签。在大多数实际应用中，聚类的复杂度很高，我们无法找出最佳的分簇方案，通常可寻找近似最优的。聚类分析任务要用到距离函数，距离表示的是两个样本之间的相近程度。常用的距离是欧氏距离，两点之间的欧氏距离也就是从一点到另一点的直线距离。另一种常用的距离是出租车距离，它与度量城市街区两点之间的距离方法相仿。聚类算法的首次使用可追溯到 20 世纪 30 年代，社会科学研究者开始使用该算法时，还没有现代意义上的计算机。

聚类可严可松。严格的聚类，每个样本只能属于一个簇，而松散的聚类（或称软聚类），一个样本可以以不同的概率分属多个簇。本书只探讨严格聚类。

我们还可能会遇到有些样本不属于任何簇的情况，这些样本被视作异常的离群点或噪音。一个簇也可以是其他簇的一部分，而这个较大的簇又可以是另一个更高层级的簇的一部分。如果簇分层级，那么它被称为层次聚类（hierarchical clustering）。聚类算法有 100 多种，使用最广的是 k 均值算法。**k 均值聚类**是将数据点分到 k 个簇中。聚类问题无法直接求解，但是我们可使用启发式方法，用它得到的聚类结果是可接受的。给定簇的数量，k 均值算法尝试从数据集中找到这几个最佳的簇。我们要么知道簇数，要么可以通过试错找出。本书使用**簇间距离平方误差**（Within Cluster Sum of Squares Error，WSSSE）来评估聚类效果，该度量方法也称为**簇间距离平方和**（Within Cluster Sum of Square，WCSS）。该指标计算的是：每个数据点和它所属簇质点之间的距离的平方误差的和。k 均值算法迭代以下两步，一般不包括（通常是随机）初始化 k 个质点。

（1）将数据点分到与它距离最小的簇中。

（2）重新计算簇内数据点坐标的均值，将它作为簇的新质点。

簇的中心稳定之后，算法停止。

我们将使用 scikit-learn 的 KMeans 类，该类的参数说明如表 2-4 所示。

表 2-4   scikit-learn 的 **KMeans** 类的参数说明

构造器参数	默认参数值	参数值示例	描述
n_clusters	8	3、36	分成多少簇
max_iter	300	200、37	执行一次 k 均值算法的最大迭代轮数
n_init	10	8、10	用不同的质点种子重新运行算法的次数
tol	1e-4	1e-3、1e-2	控制停止条件的值

k 均值算法的复杂度为 $O(k\,n\,T)$，其中 k 为簇数，n 为样本量，T 为迭代轮数。下面代码采用聚类算法，并以散点图形式绘制了实际标签和使用 k 均值算法聚类得到的簇标签：

```
>>> from sklearn.feature_extraction.text import CountVectorizer
>>> from sklearn.datasets import fetch_20newsgroups
>>> from nltk.corpus import names
>>> from nltk.stem import WordNetLemmatizer
>>> from sklearn.cluster import KMeans
>>> import matplotlib.pyplot as plt

>>> def letters_only(astr):
 return astr.isalpha()


>>> cv = CountVectorizer(stop_words="english", max_features=500)
>>> groups = fetch_20newsgroups()
>>> cleaned = []
>>> all_names = set(names.words())
>>> lemmatizer = WordNetLemmatizer()

>>> for post in groups.data:
        cleaned.append(' '.join([
                        lemmatizer.lemmatize(word.lower())
                        for word in post.split()
                        if letters_only(word)
                        and word not in all_names]))

>>> transformed = cv.fit_transform(cleaned)
>>> km = KMeans(n_clusters=20)
>>> km.fit(transformed)
```

```
>>> labels = groups.target
>>> plt.scatter(labels, km.labels_)
>>> plt.xlabel('Newsgroup')
>>> plt.ylabel('Cluster')
>>> plt.show()
```

输出结果如图 2-5 所示。

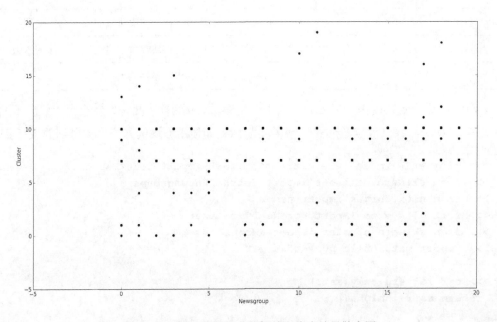

图 2-5 新闻组数据集实际标签和聚类结果散点图

2.9 话题建模

自然语言处理所讲的话题与字典给出的释义并不完全吻合，它更像一个模糊的统计学意义上的概念。我们所说的话题与话题建模、单词的概率分布相关。读一段文本，我们期望出现在标题或正文的特定词语能捕获文档的语境。文章中提到 Python 的，若是关于编程的话题，会使用 class（类）和 function（函数）这样的单词，而关于蛇①的话题，会包含 eggs（蛋）和 afraid（害怕）这样的词。文档通常包含多个话题，比如该节先讲的话题建模，稍后还会讲解非负矩阵分解。因此，我们可以定义一个加性模型（additive model），为话题赋予不同的权值。

---

① 想必你早已知道 python 还有蟒蛇的意思。——译者注

有一种话题建模算法叫作**非负矩阵分解**（Non-negative Matrix Factorization，NMF）。该算法将一个非负矩阵分解为两个较小矩阵的乘积，分解后的两个矩阵的所有元素也都是非负的。通常，我们只能在数值上逼近分解结果，而且其时间复杂度是多项式级别。scikit-learn 的 NMF 类实现了该算法，具体如表 2-5 所示。

表 2-5　　　　　　　　　　　　scikit-learn 的 NMF 类的参数说明

构造器参数	默认参数值	参数值示例	描述
n_components	-	5、None	成分的数量。话题建模这个例子，该参数值对应话题的数量
max_iter	200	300、10	迭代轮数
alpha	0	10、2.85	正则项的系数
tol	1e-4	1e-3、1e-2	控制停止条件的值

NMF 还可用于文档聚类和信号处理，具体如下所示[①]：

```
>>> from sklearn.feature_extraction.text import CountVectorizer
>>> from sklearn.datasets import fetch_20newsgroups
>>> from nltk.corpus import names
>>> from nltk.stem import WordNetLemmatizer
>>> from sklearn.decomposition import NMF
>>> def letters_only(astr):
        return astr.isalpha()
>>> cv = CountVectorizer(stop_words="english", max_features=500)
>>> groups = fetch_20newsgroups()
>>> cleaned = []
>>> all_names = set(names.words())
>>> lemmatizer = WordNetLemmatizer()
>>> for post in groups.data:
        cleaned.append(' '.join([
                        lemmatizer.lemmatize(word.lower())
                        for word in post.split()
                        if letters_only(word)
                        and word not in all_names]))
```

---

① 代码 nmf = NMF(n_components=100, random_state=43).fit(transformed) 前面的 Python shell 提示符少了一个>，应该是三个>。——译者注

```
>>> transformed = cv.fit_transform(cleaned)
>>> nmf = NMF(n_components=100, random_state=43).fit(transformed)
>>> for topic_idx, topic in enumerate(nmf.components_):
        label = '{}: '.format(topic_idx)
        print(label, " ".join([cv.get_feature_names()[i]
                            for i in topic.argsort()[:-9:-1]]))
```

我们得到了如下 100 个话题：

```
0: wa went came told said started took saw
1: db bit data stuff place add time line
2: file change source information ftp section entry server
3: output line write open entry return read file
4: disk drive controller hard support card board head
5: entry program file rule source info number need
6: hockey league team division game player san final
7: image software user package include support display color
8: window manager application using user server work screen
9: united house control second american national issue period
10: internet anonymous email address user information mail network
11: use using note similar work usually provide case
12: turkish jew jewish war did world sent book
13: space national international technology earth office news technical
14: anonymous posting service server user group message post
15: science evidence study model computer come method result
16: widget application value set type return function display
17: work job young school lot need create private
18: available version server widget includes support source sun
19: center research medical institute national test study north
20: armenian turkish russian muslim world road city today
21: computer information internet network email issue policy communication
22: ground box need usually power code house current
23: russian president american support food money important private
24: ibm color week memory hardware standard monitor software
25: la win san went list radio year near
26: child case le report area group research national
27: key message bit security algorithm attack encryption standard
28: encryption technology access device policy security need government
29: god bible shall man come life hell love
30: atheist religious religion belief god sort feel idea
```

```
31: drive head single scsi mode set model type
32: war military world attack russian united force day
33: section military shall weapon person division application mean
34: water city division similar north list today high
35: think lot try trying talk agree kind saying
36: data information available user model set based national
37: good cover better great pretty player probably best
38: tape scsi driver drive work need memory following
39: dod bike member started computer mean live message
40: car speed driver change high better buy different
41: just maybe start thought big probably getting guy
42: right second free shall security mean left individual
43: problem work having help using apple error running
44: greek turkish killed act western muslim word talk
45: israeli arab jew attack policy true jewish fact
46: argument form true event evidence truth particular known
47: president said did group tax press working package
48: time long having lot order able different better
49: rate city difference crime control le white study
50: new york change old lost study early care
51: power period second san special le play result
52: wa did thought later left order seen man
53: state united political national federal local member le
54: doe mean anybody different actually help common reading
55: list post offer group information course manager open
56: ftp available anonymous package general list ibm version
57: nasa center space cost available contact information faq
58: ha able called taken given exactly past real
59: san police information said group league political including
60: drug group war information study usa reason taken
61: point line different algorithm exactly better mean issue
62: image color version free available display better current
63: got shot play went took goal hit lead
64: people country live doing tell killed saying lot
65: run running home start hit version win speed
66: day come word christian jewish said tell little
67: want need help let life reason trying copy
68: used using product function note version single standard
69: game win sound play left second great lead
```

```
70: know tell need let sure understand come far
71: believe belief christian truth claim evidence mean different
72: public private message security issue standard mail user
73: church christian member group true bible view different
74: question answer ask asked did reason true claim
75: like look sound long guy little having pretty
76: human life person moral kill claim world reason
77: thing saw got sure trying seen asked kind
78: health medical national care study user person public
79: make sure sense little difference end try probably
80: law federal act specific issue order moral clear
81: unit disk size serial total got bit national
82: chip clipper serial algorithm need phone communication encryption
83: going come mean kind working look sure looking
84: university general thanks department engineering texas world computing
85: way set best love long value actually white
86: card driver video support mode mouse board memory
87: gun crime weapon death study control police used
88: service communication sale small technology current cost site
89: graphic send mail message server package various computer
90: team player win play better best bad look
91: really better lot probably sure little player best
92: say did mean act word said clear read
93: program change display lot try using technology application
94: number serial following large men le million report
95: book read reference copy speed history original according
96: year ago old did best hit long couple
97: woman men muslim religion world man great life
98: government political federal sure free local country reason
99: article read world usa post opinion discussion bike
```

2.10　小结

　　在本章中，我们学习了机器学习的一个重要领域——NLP，它包括分词、词干抽取、词形还原和词性标注等任务。我们介绍了 NLP 的一些基础概念。我们还探索了 3 个强大的 NLP 包，并用 NLTK 完成了一些常见任务。接着，我们开始做新闻话题建模项目。我们用分词、词干抽取和词形还原技术来抽取特征。随后，我们又讲解了聚类算法，并实现了 k

均值算法和非负矩阵分解算法，以为话题聚类。对于处理文本数据和用无监督学习方法解决话题建模问题的过程，我们获得了一手经验。我们还简要介绍了 NLTK 实用的语料库资源。用我们从本章学到的知识来探索这些语料，对掌握这些技术很有帮助。你能从莎士比亚作品语料中抽取出什么话题？

第 3 章
用朴素贝叶斯检测垃圾邮件

本章从垃圾邮件检测着手来开启机器学习分类之旅。我们结合一个实例来学习分类问题，争取开个好头。邮件服务提供商已经向我们提供了垃圾邮件过滤服务，该服务我们自己也能实现。在本章中，我们将学习分类问题的一些基础却很重要的概念，重点学习用朴素贝叶斯这种简单却很强大的算法检测垃圾邮件。

在本章中，我们将深入讲解以下主题。

- 什么是分类？

- 分类的类型。

- 文本分类实例。

- 朴素贝叶斯。

- 朴素贝叶斯的原理。

- 朴素贝叶斯的实现。

- 用朴素贝叶斯检测垃圾邮件。

- 分类性能评估。

- 交叉检验。

- 调试分类器。

3.1 开始分类之旅

从基本概念讲，垃圾邮件检测就是一种机器学习分类问题。我们先从机器学习分类问题的重要概念讲起。分类是机器学习中有监督学习这一类学习任务的主要代表。给定含有观测数据及其所属类别的训练集，分类的目标是学习一种能够扩展的规则，可以正确地将观测数据（亦称特征）映射到目标类别中。换言之，通过从训练数据的特征和目标类别中学习以生成训练好的模型。分类的过程如图 3-1 所示。新数据或先前未观测到的数据进来之后，模型能够确定它们的类别。利用训练好的分类模型，再根据输入的特征，可预测样本的类别。

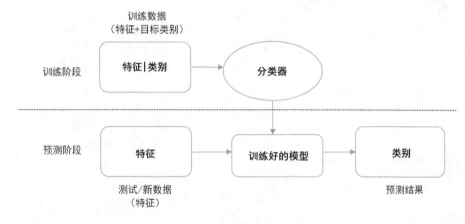

图 3-1　分类的主要流程

3.2 分类的类型

根据输出类别的可能性，机器学习分类问题可分为二分类、多分类和多标签分类。

二分类（binary classification）问题是指将观测数据分到两个可能类别之一的问题，如图 3-2 所示。一个经常提及的例子是，识别邮件信息（输入或观测数据）是否是垃圾邮件（输出或类别），从而过滤垃圾邮件。二分类另一个比较有代表性的应用是客户流失预测，从客户关系管理系统（CRM）得到顾客细分数据和活动数据，识别哪些客户可能会流失。二分类在营销和广告行业的另一个应用是在线广告点击预测——给定用户的 cookie 信息和浏览器的历史记录，判断他是否会点击某则广告。

二分类还应用于生物医学领域，举个例子，癌症早期诊断就是根据核磁共振成像（MRI）图像将患者分为高风险或低风险人群。

多分类（multiclass classification），亦称多项分类（multinomial classification），备选类别可以多于两个，如图 3-3 所示，而二分类备选类别只有两个。手写体数字识别是常见的多分类任务，它的研究始于 20 世纪初，至今已有较长的发展史，比如信件自动分类所使用的系统就属于多分类，该系统读取和理解手写体邮政编码（大多数国家用 0~9 的数字组合来表示）。手写体数字识别已成为初学机器学习领域中的 "Hello World" 问题。常用于多类分类模型的测试和评估的数据集是 MNIST 数据集（样本见图 3-4）。

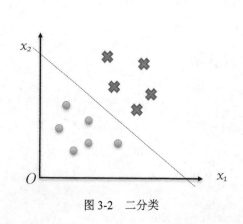

图 3-2 二分类

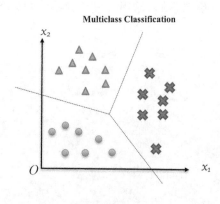

Multiclass Classification

图 3-3 多分类

多标签分类（multi-label classification）不同于前两种分类问题，它们的目标类别是互斥的。如今的应用，类别无处不在，人们对该领域的研究兴趣不断增加。例如，一张有大海和日落的照片可同时属于大海和日落这两个情境，用多标签分类就能解决这个问题，而二分类问题，一张照片不是猫就是狗；如果为多分类问题，只能从多个类别选一个，比如水果是橘子、苹果还是香蕉。例如，冒险题材的电影经常和其他类型的题材相结合，比如奇幻、科幻、恐怖和传奇等。多标签分类的另一典型应用是蛋白质功能分类，一种蛋白质可能有多重功能——存储、抗体、支持、传输等。n 个标签的分类问题，一种解

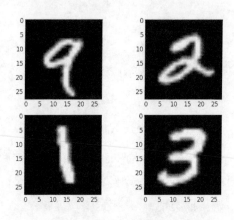

图 3-4 MNIST 手写体数字识别

决方法是将其转换为 n 个二分类问题，然后按照图 3-5 所示的方法，训练多个二分类器处理。

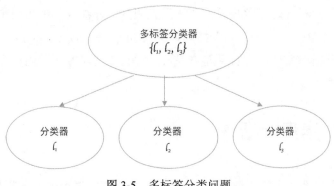

图 3-5 多标签分类问题

3.3 文本分类应用

在第 2 章，我们讨论了如何用聚类和话题建模这类无监督学习方法处理新闻数据。我们将继续使用该领域的数据，不过这回要用有监督学习方法，本章主要介绍文本分类。

实际上，分类已被广泛应用于文本分析和新闻分析。例如，用分类算法识别新闻的情感：二分类将其分为积极或消极；多分类将其识别为积极、中性或消极。新闻情感分析为股票市场的交易提供了具有重要参考价值的信号。

我们很容易就能想到的文本分类的另一实例是新闻话题分类，新闻的类别也许互斥，也许不互斥。我们刚使用的新闻组语料，各个分类是互斥的，比如计算机图像、摩托车、棒球、曲棍球、太空和宗教。下一章，我们将介绍如何用机器学习算法解决互斥的多分类问题。然而，我们最好要意识到一篇新闻报道偶尔会被分配多个类别，称其为多标签分类更恰当。例如，一则报道奥运会的新闻，如该赛事突然牵涉到政治问题，也许会被同时打上体育赛事和政治的标签。

最后，我们可能不太容易意识到**命名实体识别**（Named-Entity Recognition，NER）其实也是一种文本分类。命名实体是指定义实体的类别的短语，比如人名、公司名、地理位置、日期和时间、数量及币值。命名实体识别可以寻找和识别这类实体，它是信息抽取的一项重要子任务。例如，我们可以识别来自路透社的一则新闻的某一段中的命名实体：科技领域企业家 Elon Musk[Person]拥有并负责管理坐落在加利福尼亚[Location]的这家公司，该公司提议组建沿轨道运行的数字通信阵列，他们星期二[Date]公开的文档显示该阵列最终将由 4425[Quantity]颗卫星组成。

为了解决这些问题，研究者开发了多种强大的分类算法，其中常用来做文本分类的有**朴素贝叶斯**（Naïve Bayes，NB）和**支持向量机**（Support Vector Machine，SVM）。在后续几节中，我们将介绍朴素贝叶斯的原理，深入讲解它的实现方法，还将介绍分类器调试和分类性能评估等重要概念。

3.4 探索朴素贝叶斯

朴素贝叶斯分类器属于概率分类器，这类分类器计算数据集中每个预测特征（predictive feature，亦称属性）分属每个类别的概率，以便预测新样本在所有类别上的概率分布，不只是计算新样本属于最可能的那个类别的概率。顾名思义，它的特殊之处在于以下两点。

- **贝叶斯**：该算法根据贝叶斯定理，将给定类别下观测到的特征的概率，映射到特征在类别上的概率分布。在下节，我们将通过实例来解释贝叶斯定理。

- **朴素**：假定预测特征是相互独立的，以简化概率计算。

3.5 贝叶斯定理实例讲解

在深入学习贝叶斯分类器之前，理解贝叶斯定理非常重要。我们用 A 和 B 表示两个事件。事件可以是明天下雨、从一副扑克牌摸到大小王或某个人患癌症。在贝叶斯定理中，$P(A|B)$ 表示在 B 发生的条件下，A 发生的概率，计算方法如下：

$$P(A \mid B) = \frac{P(B \mid A)P(A)}{P(B)}$$

其中，$P(B|A)$ 为在 A 发生的条件下，观测到 B 的概率，$P(A)$、$P(B)$ 分别为 A 和 B 发生的概率。感到太抽象？我们一起看几个例子来进行了解。

例 1：有两枚硬币，一枚质地不均匀，抛出后，正面（head，H）朝上的概率为 90%，反面（tail，T）朝上的概率为 10%，另一枚则是质地均匀。从这两枚硬币中随机取一枚，抛出后发现正面朝上，那么该枚硬币是质地不均匀的那一枚的概率是多少？

求解之前，我们先来定义 U 和 H，U 表示拿起不均匀硬币的事件，H 表示正面朝上这一事件。因此，观测到正面朝上的条件下，拿起不均匀硬币的概率 $P(U|H)$ 计算方法如下：

$$P(U|H) = \frac{P(H|U)P(U)}{P(H)}$$

我们之前发现 $P(H|U)$ 为 90%，我们随机从两枚硬币取一枚，因此 $P(U)$ 为 0.5。然而，观测到正面朝上的概率 $P(H)$ 无法直截了当计算出来，因为抛均匀和不均匀硬币这两个事件，都可能导致事件 H 的发生——用 F 表示抛均匀硬币，用 U 表示抛不均匀硬币。上式变为：

$$P(U|H) = \frac{P(H|U)P(U)}{P(H)} = \frac{P(H|U)P(U)}{P(H|U)P(U)+P(H|F)P(F)} = \frac{0.9 \times 0.5}{0.9 \times 0.5 + 0.5 \times 0.5} = 64.29\%$$

例 2：假设医生给出了表 3-1 所示的 1 万人的癌症筛查结果。

表 3-1　　　　　　　　　　　　1 万人癌症筛查结果示例

	癌症	无癌症	总计
阳性	80	900	980
阴性	20	9000	9020
总计	100	9900	10 000

以上数据表示，100 个癌症患者里面有 80 位诊断正确，其余 20 人误诊；9900 位健康的人之中，900 人检测错误。如果这次癌症筛查，有个人为阳性，那么他实际患癌症的概率有多大？

我们分别用事件 C 表示患癌症，用 Pos 表示检测结果为阳性。套入贝叶斯定理，计算 $P(C|Pos)$：

$$P(C|Pos) = \frac{P(Pos|C)P(C)}{P(Pos)} = \frac{\dfrac{80}{100} \times \dfrac{100}{10\,000}}{\dfrac{980}{10\,000}} = 8.16\%$$

若病人筛查结果为阳性，患癌症的可能性为 8.16%，显著好于未接受筛选的情况下，根据一般情况得出的 1%（$\dfrac{100}{10\,000}$）。

例 3：一家工厂的 A、B 和 C 3 台机器，生产了 35%、20% 和 45% 的灯泡。3 台机器生产的灯泡，残次品的占比分别为 1.5%、1% 和 2%。经检测，该工厂生产的一个灯泡为残次品（事件 D）。该灯泡由机器 A、B 和 C 生产的概率分别是多少？

我们再次套用贝叶斯公式：

$$P(A \mid D) = \frac{P(D \mid A)P(A)}{P(D)} = \frac{P(D \mid A)P(A)}{P(D \mid A)P(A) + P(D \mid B)P(B) + P(D \mid C)P(C)}$$

$$= \frac{0.015 \times 0.35}{0.015 \times 0.35 + 0.01 \times 0.2 + 0.02 \times 0.45} = 0.123$$

$$P(B \mid D) = \frac{P(D \mid B)P(B)}{P(D)} = \frac{P(D \mid B)P(B)}{P(D \mid A)P(A) + P(D \mid B)P(B) + P(D \mid C)P(C)}$$

$$= \frac{0.01 \times 0.2}{0.015 \times 0.35 + 0.01 \times 0.2 + 0.02 \times 0.45} = 0.123$$

$$P(C \mid D) = \frac{P(D \mid C)P(C)}{P(D)} = \frac{P(D \mid C)P(C)}{P(D \mid A)P(A) + P(D \mid B)P(B) + P(D \mid C)P(C)}$$

$$= \frac{0.002 \times 0.45}{0.015 \times 0.35 + 0.01 \times 0.2 + 0.02 \times 0.45} = 0.554$$

或者，我们甚至不需要计算 $P(D)$，因为 $P(A|D) : P(B|D) : P(C \mid D) = P(D|A)P(A) : P(D|B)P(B) : P(D|C)P(C) = 21 : 8 : 36$ 且 $P(A|D) + P(B|D) + P(C \mid D) = 1$，所以 $P(A|D) = \frac{21}{21+8+36} = 0.323$，$P(B|D) = \frac{8}{21+8+36} = 0.123$。

贝叶斯定理为朴素贝叶斯的核心，理解了该定理之后，再学习朴素贝叶斯分类器就比较容易了。

3.6　朴素贝叶斯原理

本节我们从理解该算法背后的魔术——朴素贝叶斯是如何分类的开始。给定包含 $x_1, x_2, \cdots, x_n$ 等 n 个特征的样本 $\boldsymbol{x}$（$\boldsymbol{x}$ 为特征向量，$\boldsymbol{x} = (x_1, x_2, \cdots, x_n)$），朴素贝叶斯分类器的目标是确定该样本属于 K 个可能类别 $y_1, y_2, \cdots, y_k$ 的概率 $P(y_k \mid \boldsymbol{x})$ 或 $P(y_k \mid x_1, x_2, \cdots, x_n)$，其中 $k = 1, 2, \cdots, K$。貌似与我们刚讲的几个例子无甚差别：$\boldsymbol{x}$ 或 $x_1, x_2, \cdots, x_n$ 为联合事件，对应的是样本具有 $x_1, x_2, \cdots, x_n$ 特征值，y_k 表示样本属于类别 k 这一事件。理解了这些内容，我们可立即套用贝叶斯定理：

$$P(y_k \mid \boldsymbol{x}) = \frac{P(\boldsymbol{x} \mid y_k)P(y_k)}{P(\boldsymbol{x})}$$

$P(y_k)$描述的是：在不提供观测样本特征相关知识的情况下，各个类别是如何分布的。用贝叶斯概率的术语来讲，它被称为先验。先验可以是事先确定的（通常服从均匀分布，每个类别出现的概率相等）或是从一组训练样本学到的。相反，$P(y_k|\boldsymbol{x})$为后验，表示在拥有额外的观测知识的条件下，样本属于类别k的概率。

$P(\boldsymbol{x}|y_k)$或$P(x_1, x_2, \cdots, x_n|y_k)$为在样本属于类别$y_k$的条件下，$n$个特征的联合分布，表示这些特征值一同出现的可能性，用贝叶斯术语来讲，它被称为"似然"（likelihood）。朴素贝叶斯分类器如图 3-6 所示。显然，随着特征量增加，它不太好计算。朴素贝叶斯假定特征之间相互独立，从而降低了计算难度。n 个特征的联合条件分布可表示为每个特征的条件分布的乘积：

$$P(\boldsymbol{x}|y_k) = P(x_1|y_k) * P(x_2|y_k) * \cdots * P(x_n|y_k)$$

由此可见，$P(\boldsymbol{x}|y_k)$可以高效地从一组训练样本中学到。

$P(\boldsymbol{x})$亦称为证据（evidence），它只依赖于特征的整体分布，不依赖于特定的类别，因而是一个常数。因此，后验与先验及似然成正比：

$$P(y_k|\boldsymbol{x}) \propto P(\boldsymbol{x}|y_k)P(y_k) = P(x_1|y_k) * P(x_2|y_k) * \cdots * P(x_n|y_k) * P(y_k)$$

在编写代码实现朴素贝叶斯分类器（如图 3-6 所示）之前，我们先通过一个例子了解其应用。假定有以下 4 封邮件，如表 3-2 所示，现在来预测新邮件是垃圾邮件的概率。

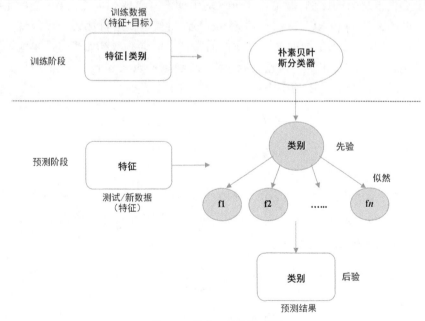

图 3-6　朴素贝叶斯分类器

表 3-2   垃圾邮件识别

	ID	邮件中的词语	是垃圾邮件
训练数据	1	Click win prize	是
	2	Click meeting setup meeting	否
	3	Prize free prize	是
	4	Click prize free	是
测试数据	5	Free setup meeting free	?

首先，一封邮件是垃圾邮件，这一事件用 S 表示，不是垃圾邮件则用 NS 表示。从训练集中数一数，我们很容易得出：

$$P(S) = 3/4$$
$$P(NS) = 1/4$$

或者，我们也可以干脆假定先验 $P(S) = 1\%$。

要计算 $x=(free,\ setup,\ meeting,\ free)$ 时的 $P(S \mid x)$ 的值，得先根据训练集计算出 $P(free \mid S)$、$P(setup \mid S)$ 和 $P(meeting \mid S)$，也就是要计算出训练集中这些词语在 S 类的出现次数与 S 类词语总数的比例。但是由于 free 这个词没有出现在训练集 NS 类，$P(free \mid NS)$ 将为 0，因此 $P(x \mid NS)$ 和 $P(NS \mid x)$ 也将为 0。邮件将被错误地预测为垃圾邮件。为了消除这种为 0 的乘积因子，未出现的词语，我们通常为它的词频赋初始值 1，也就是词语出现次数从 1 开始计，该方法也称为**拉普拉斯平滑**（Laplace smoothing）。我们用该方法，计算这 3 个词语出现在两个类别中的概率：

$$P(free \mid S) = \frac{2+1}{9+6} = \frac{3}{15}$$
$$P(free \mid NS) = \frac{0+1}{4+6} = \frac{1}{10}$$

其中，9 为 S 类词语总出现的次数（3+3+3），4 为 NS 类词语总出现次数，6 来自于每个词语（*click*、*win*、*prize*、*meeting*、*setup*、*free*）多加的那一次。类似地，我们可以计算 *setup* 和 *meeting* 在两类邮件中的概率：

$$P(setup \mid S) = \frac{0+1}{9+6} = \frac{1}{15}$$
$$P(setup \mid NS) = \frac{1+1}{4+6} = \frac{2}{10}$$

$$P(meeting \mid S) = \frac{0+1}{9+6} = \frac{1}{15}$$

$$P(meeting \mid NS) = \frac{2+1}{4+6} = \frac{3}{10}$$

因此 $\dfrac{P(S \mid \boldsymbol{x})}{P(NS \mid \boldsymbol{x})} = \dfrac{P(free \mid S) * P(setup \mid S) * P(meeting \mid S) * P(free \mid S) * P(S)}{P(free \mid NS) * P(setup \mid NS) * P(meeting \mid NS) * P(free \mid NS) * P(NS)} = 8/9$

记得 $P(S \mid \boldsymbol{x}) + P(NS \mid \boldsymbol{x}) = 1$。

最终，$P(S \mid \boldsymbol{x}) = \dfrac{8}{8+9} = 47.1\%$。

新邮件有 47.1% 的可能性是垃圾邮件。

3.7　朴素贝叶斯的实现

看过手动计算垃圾邮件检测的例子之后，按照之前的约定，我们将编写朴素贝叶斯分类器，并用它处理 Enron（安然）邮件数据集的真实数据。下载后，可以用软件解压，也可在终端运行命令 `tar –xvz enron1.tar.gz` 解压。解压后得到的文件夹里有正常（合法）邮件文件夹、垃圾邮件文件夹和数据集的简介文件：

```
enron1/
ham/
   0001.1999-12-10.farmer.ham.txt
   0002.1999-12-13.farmer.ham.txt
   ......
   ......
   5172.2002-01-11.farmer.ham.txt
spam/
   0006.2003-12-18.GP.spam.txt
   0008.2003-12-18.GP.spam.txt
   ......
   ......
   5171.2005-09-06.GP.spam.txt
Summary.txt
```

对于分类问题，拿到数据集之后，别急着应用机器学习技术，最好先去了解每个类别的样本量以及各类别样本量的比例。该数据集的 Summary.txt 给出了这些数据，正常邮件有

3672 封，垃圾邮件有 1500 封：垃圾邮件与正常邮件之比约为 1∶2。若数据集未给出该信息，运行如下命令也可得到两类邮件的数量：

```
ls -1 enron1/ham/*.txt | wc -l
3672
ls -1 enron1/spam/*.txt | wc -l
1500
```

回到解压后文件所在的目录，编写如下脚本并运行，会输出一封合法邮件和一封垃圾邮件的内容，看看它们各自的格式：

```
>>> file_path = 'enron1/ham/0007.1999-12-14.farmer.ham.txt'
>>> with open(file_path, 'r') as infile:
...     ham_sample = infile.read()
...
>>> print(ham_sample)
Subject: mcmullen gas for 11 / 99
jackie ,
since the inlet to 3 river plant is shut in on 10 / 19 / 99 ( the
last day of flow ) :
at what meter is the mcmullen gas being diverted to ?
at what meter is hpl buying the residue gas ? ( this is the gas
from teco ,vastar , vintage , tejones , and swift )
i still see active deals at meter 3405 in path manager for teco ,
vastar ,vintage , tejones , and swift
i also see gas scheduled in pops at meter 3404 and 3405 .
please advice . we need to resolve this as soon as possible so
settlement can send out payments .
thanks
>>> file_path = 'enron1/spam/0058.2003-12-21.GP.spam.txt'
>>> with open(file_path, 'r') as infile:
...     spam_sample = infile.read()
...
>>> print(spam_sample)
Subject: stacey automated system generating 8 k per week parallelogram
people are
getting rich using this system ! now it ' s your
turn !
we ' ve
cracked the code and will show you . . . .
this is the
only system that does everything for you , so you can make
```

```
money
. . . . . . . .
because your
success is . . . completely automated !
let me show
you how !
click
here
to opt out click here % random _ text
```

接下来，我们读取所有的邮件文件，将正常邮件或垃圾邮件这一类别信息保存到标签变量，用 1 表示垃圾邮件，用 0 表示正常邮件。

首先，我们导入所需模块 glob 和 os，以便找到所有的.txt 邮件文件。初始化两个列表类型的变量，保存文本数据和标签[①]：

```
>>> import glob
>>> import os
>>> e-mails, labels = [], []
Then to load the spam e-mail files:
>>> file_path = 'enron1/spam/'
>>> for filename in glob.glob(os.path.join(file_path, '*.txt')):
...     with open(filename, 'r', encoding = "ISO-8859-1") as infile:
...         e-mails.append(infile.read())
...             labels.append(1)
```

读取并保存合法邮件：

```
>>> file_path = 'enron1/ham/'
>>> for filename in glob.glob(os.path.join(file_path, '*.txt')):
...     with open(filename, 'r', encoding = "ISO-8859-1") as infile:
...         e-mails.append(infile.read())
...             labels.append(0)
>>> len(e-mails)
5172
>>> len(labels)
5172
```

下一步就要对原始文本数据进行预处理和清洗。简要回顾，该阶段要完成以下操作：

---

① 代码中的 e-mails 不是合法的 Python 变量名，中间的-号被当作运算符，导致赋值失败，可将其修改为下划线，下同，不再赘述。——译者注

- 删除数字和标点；

- 删除人名（可选）；

- 删除停用词；

- 词形还原。

我们这里复用上章所写代码：

```
>>> from nltk.corpus import names
>>> from nltk.stem import WordNetLemmatizer
>>> def letters_only(astr):
...     return astr.isalpha()
>>> all_names = set(names.words())
>>> lemmatizer = WordNetLemmatizer()
```

封装一个函数，清洗文本：

```
>>> def clean_text(docs):
...     cleaned_docs = []
...     for doc in docs:
...         cleaned_docs.append(
...             ' '.join([lemmatizer.lemmatize(word.lower())
...             for word in doc.split()
...             if letters_only(word)
...             and word not in all_names]))
...     return cleaned_docs
>>> cleaned_e-mails = clean_text(e-mails)
>>> cleaned_e-mails[0]
'dobmeos with hgh my energy level ha gone up stukm introducing doctor
formulated hgh human growth hormone also called hgh is referred to in
medical science a the master hormone it is very plentiful when we are young
but near the age of twenty one our body begin to produce le of it by the
time we are forty nearly everyone is deficient in hgh and at eighty our
production ha normally diminished at least advantage of hgh increased
muscle strength loss in body fat increased bone density lower blood
pressure quickens wound healing reduces cellulite improved vision wrinkle
disappearance increased skin thickness texture increased energy level
improved sleep and emotional stability improved memory and mental alertness
increased sexual potency resistance to common illness strengthened heart
muscle controlled cholesterol controlled mood swing new hair growth and
color restore read more at this website unsubscribe'
```

接下来，删除停用词、抽取特征，我们用清洗干净的文本数据的词频作为特征：

```
>>> from sklearn.feature_extraction.text import CountVectorizer
>>> cv = CountVectorizer(stop_words="english", max_features=500)
```

max_features 参数的值设置为 500，只考虑词频在 500 次及以上的词语。后续我们可以调试该参数，争取达到更佳效果。

向量化工具将文档矩阵（一行行的词语组成）转换为词语文档矩阵，其中每一行为文档（邮件）的词频稀疏向量：

```
>>> term_docs = cv.fit_transform(cleaned_e-mails)
>>> print(term_docs [0])
(0, 481)    1
(0, 357)    1
(0, 69)     1
(0, 285)    1
(0, 424)    1
(0, 250)    1
(0, 345)    1
(0, 445)    1
(0, 231)    1
(0, 497)    1
(0, 47)     1
(0, 178)    2
(0, 125)    2
```

稀疏向量的格式为：

（行号，特征/词语的索引）数值（也就是词频）

我们用以下代码来查看词语的索引对应的词语是什么：

```
>>> feature_names = cv.get_feature_names()
>>> feature_names[481]
u'web'
>>> feature_names[357]
u'receive'
>>> feature_names[125]
u'error'
```

或者，我们可以通过字典 feature_mapping 查看词语和对应的索引，该字典以词语特征（比如 website）为键，以词语的索引为值。

```
>>> feature_mapping = cv.vocabulary_
```

我们可以用刚生成的特征矩阵 term_docs 来构造和训练朴素贝叶斯模型。

从计算先验入手，我们按照标签为数据分组：

```
>>> def get_label_index(labels):
...     from collections import defaultdict
...     label_index = defaultdict(list)
...     for index, label in enumerate(labels):
...       label_index[label].append(index)
...     return label_index
>>> label_index = get_label_index(labels)
```

label_index 状如{0: [3000, 3001, 3002, 3003, …, 6670, 6671], 1: [0, 1, 2, 3, …, 2998, 2999]}，我们按照类别将训练样本分成 0 和 1 两组。有了该数据，我们就可以计算先验了：

```
>>> def get_prior(label_index):
...     """ Compute prior based on training samples
...     Args:
...         label_index (grouped sample indices by class)
...     Returns:
...         dictionary, with class label as key, corresponding
...         prior as the value
...     """
...     prior = {label: len(index) for label, index
...                                 in label_index.iteritems()}
...     total_count = sum(prior.values())
...     for label in prior:
...         prior[label] /= float(total_count)
...     return prior
>>> prior = get_prior(label_index)
>>> prior {0: 0.7099767981438515, 1: 0.2900232018561485}
```

我们还可以计算似然，究竟该如何计算呢？图 3-7 所示的是二分类任务下，各特征似然的计算方法，希望能加深你的理解。接下来，我们直接给出代码：

```
>>> import numpy as np
>>> def get_likelihood(term_document_matrix, label_index, smoothing=0):
...     """ Compute likelihood based on training samples
```

```
...        Args:
...            term_document_matrix (sparse matrix)
...            label_index (grouped sample indices by class)
...            smoothing (integer, additive Laplace smoothing
                                            parameter)
...        Returns:
...            dictionary, with class as key, corresponding
               conditional probability P(feature|class) vector as
               value
...        """
...        likelihood = {}
...        for label, index in label_index.iteritems():
...            likelihood[label] =
               term_document_matrix[index, :].sum(axis=0) + smoothing
...            likelihood[label] = np.asarray(likelihood[label])[0]
...            total_count = likelihood[label].sum()
...            likelihood[label] =
                              likelihood[label] / float(total_count)
...        return likelihood
```

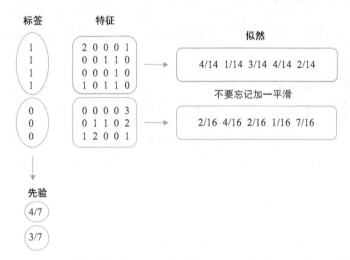

图 3-7　二分类特征似然示例[①]

我们将 smoothing 的参数值设为 1，当然也可以设为 0，意思是不使用平滑方法或使

---

① 该图中，特征矩阵由 5 列（单词 1，单词 2，……，单词 5）组成，每一列的元素代表一个单词在当前行所表示的文本中出现的次数。矩阵有 5 列，表示文档集的词汇量为 5，或者说文档集中词形不同的单词只有 5 个。4/14 表示标签 1 这一类中出现单词 1 的可能性（似然），单词 1 共出现了 3 次（2+1），5 个词形共出现了 9 次。计算似然时，我们使用加一平滑，分子加 1，分母要加上词形数 5，故有(3+1)/(9+5)。感谢作者不厌其烦向我解释。——译者注

用其他任意正数，只要分类性能较高就行：

```
>>> smoothing=1
>>> likelihood=get_likelihood (term_docs,label_index,smoothing)
>>> len (likelihoocl [o] )
    500
```

likelihood[0]为合法邮件这一类别的条件概率 P（特征|合法邮件）向量，长度为 500（500 个特征）。例如，前 5 个特征的概率，可用如下代码查看：

```
>>> likelihood[0][:5]
array([ 1.01166291e-03, 8.71839582e-04, 9.95213107e-04,
    8.38939975e-04, 9.04739188e-05])
```

类似地，我们可以查看条件概率 P（特征|垃圾邮件）向量的前 5 个元素：

```
>>> likelihood[1][:5]
array([ 0.00112918, 0.00164537, 0.00471029,
    0.00058072, 0.00438766])
```

我们也可以看一看在给定类别为垃圾邮件的条件下，上述元素分别是哪些特征（词语）的条件概率：

```
>>> feature_names[:5]
[u'able', u'access', u'account', u'accounting', u'act']
```

得到先验和似然之后，我们现在就可以计算测试样本或新样本的后验了。我们这里用了一个小技巧：成千上万个数值很小的条件概率 P（特征|类别）（比如我们前面刚见过的 9.04739188e-05）相乘，也许会引发数值下溢的错误，因此先取自然对数，计算它们之和，然后再求指数：

```
>>> def get_posterior(term_document_matrix, prior, likelihood):
...     """ Compute posterior of testing samples, based on prior
        and likelihood
...     Args:
...         term_document_matrix (sparse matrix)
...         prior (dictionary, with class label as key,
        corresponding prior as the value)
...         likelihood (dictionary, with class label as key,
        corresponding conditional probability vector as value)
...     Returns:
```

```
...         dictionary, with class label as key, corresponding
            posterior as value
...         """
...         num_docs = term_document_matrix.shape[0]
...         posteriors = []
...         for i in range(num_docs):
...             # posterior is proportional to prior * likelihood
...             # = exp(log(prior * likelihood))
...             # = exp(log(prior) + log(likelihood))
...             posterior = {key: np.log(prior_label)
                  for key, prior_label in prior.iteritems()}
...             for label, likelihood_label in likelihood.iteritems():
...                 term_document_vector =
                      term_document_matrix.getrow(i)
...                 counts = term_document_vector.data
...                 indices = term_document_vector.indices
...                 for count, index in zip(counts, indices):
...                     posterior[label] +=
                          np.log(likelihood_label[index]) * count
...             # exp(-1000):exp(-999) will cause zero division error,
...             # however it equates to exp(0):exp(1)
...             min_log_posterior = min(posterior.values())
...             for label in posterior:
...                 try:
...                     posterior[label] =
                          np.exp(posterior[label] - min_log_posterior)
...                 except:
...                     # if one's log value is excessively large,
                          assign it infinity
...                     posterior[label] = float('inf')
...             # normalize so that all sums up to 1
...             sum_posterior = sum(posterior.values())
...             for label in posterior:
...                 if posterior[label] == float('inf'):
...                     posterior[label] = 1.0
...                 else:
...                     posterior[label] /= sum_posterior
...             posteriors.append(posterior.copy())
...         return posteriors
```

预测函数实现完毕。从另一个安然邮件数据集中找一个合法邮件样本和一个垃圾邮件样本，来快速验证我们刚实现的算法：

```
>>> e-mails_test = [
...    '''Subject: flat screens
...    hello ,
...    please call or contact regarding the other flat screens
...    requested .
...    trisha tlapek - eb 3132 b
...    michael sergeev - eb 3132 a
...    also the sun blocker that was taken away from eb 3131 a .
...    trisha should two monitors also michael .
...    thanks
...    kevin moore''',
...    '''Subject: having problems in bed ? we can help !
...    cialis allows men to enjoy a fully normal sex life without
...    having to plan the sexual act
...    if we let things terrify us, life will not be worth living
...    brevity is the soul of lingerie .
...    suspicion always haunts the guilty mind .''',
... ]
```

按照训练阶段的做法，清洗和预处理新数据集：

```
>>> cleaned_test = clean_text(e-mails_test)
>>> term_docs_test = cv.transform(cleaned_test)
>>> posterior = get_posterior(term_docs_test, prior, likelihood)
>>> print(posterior)
[{0: 0.99546887544929274, 1: 0.0045311245507072767},
{0: 0.00036156051848121361, 1: 0.99963843948151876}]
```

预测结果显示，第一封邮件有 99.5% 的可能性为合法邮件；第二封几乎 100% 为垃圾邮件。这两个预测结果都正确。

进一步讲，若要全面评估分类器的性能，我们可随机将原始数据集切分为独立的训练集和测试集，分别模拟训练数据和预测数据。一般将原始数据集的 25%、33.3% 或 40% 划为测试集。我们用 scikit-learn 的 `train_test_split` 函数，随机将原始数据集分为 3 块并保存：

```
>>> from sklearn.model_selection import train_test_split
>>> X_train, X_test, Y_train, Y_test = train_test_split(cleaned_e-mails,
labels, test_size=0.33, random_state=42)
```

在实验和探索阶段，为了保证程序每次运行时都生成相同的训练集和测试集，random_state 最好使用固定的参数值（比如 42）。这样做，我们能确保分类器在固定的数据集上，并且功能和性能稳定。然后，再使用随机选取的数据集来进一步改进分类器的性能。

```
>>> len(X_train), len(Y_train)
(3465, 3465)
>>> len(X_test), len(Y_test)
(1707, 1707)
```

在训练集上，重新训练词频向量化模型 CountVectorizer，重新计算先验和似然：

```
>>> term_docs_train = cv.fit_transform(X_train)
>>> label_index = get_label_index(Y_train)
>>> prior = get_prior(label_index)
>>> likelihood = get_likelihood(term_docs_train, label_index, smoothing)
```

接着，预测测试集和新数据集的后验：

```
>>> term_docs_test = cv.transform(X_test)
>>> posterior = get_posterior(term_docs_test, prior, likelihood)
```

最后，计算正确预测样本类别的百分比，评估模型的性能：

```
>>> correct = 0.0
>>> for pred, actual in zip(posterior, Y_test):
...     if actual == 1:
...         if pred[1] >= 0.5:
...             correct += 1
...     elif pred[0] > 0.5:
...         correct += 1
>>> print('The accuracy on {0} testing samples is:
        {1:.1f}%'.format(len(Y_test), correct/len(Y_test)*100))
The accuracy on 1707 testing samples is: 92.0%
```

我们刚刚用一行行代码实现的朴素贝叶斯分类器，正确地为 92% 的邮件实现了分类！

自己从头写代码实现，是学习机器学习模型的最佳方法。当然，我们也可以走捷径，直接用 scikit-learn 库提供的 MultinomialNB 类：

```
>>> from sklearn.naive_bayes import MultinomialNB
```

我们初始化一个模型，平滑因子（scikit-learn 中用 alpha 来指定）设为 1，使用从训练集学到的先验（scikit-learn 中用 fit_prior 来指定）：

```
>>> clf = MultinomialNB(alpha=1.0, fit_prior=True)
```

用 fit 方法训练分类器：

```
>>> clf.fit(term_docs_train, Y_train)
```

用 predict_proba 方法获取预测结果：

```
>>> prediction_prob = clf.predict_proba(term_docs_test)
>>> prediction_prob[0:10]
array([[ 1.00000000e+00, 2.12716600e-10], [ 1.00000000e+00,
2.72887131e-75], [ 6.34671963e-01, 3.65328037e-01], [ 1.00000000e+00,
1.67181666e-12], [ 1.00000000e+00, 4.15341124e-12], [ 1.37860327e-04,
9.99862140e-01], [ 0.00000000e+00, 1.00000000e+00], [ 1.00000000e+00,
1.07066506e-18], [ 1.00000000e+00, 2.02235745e-13], [ 3.03193335e-01,
6.96806665e-01]])
```

用 predict 方法直接获得预测的类别（0.5 为默认阈值：预测概率值大于 0.5，为邮件赋予类别 1，否则赋予类别 0）：

```
>>> prediction = clf.predict(term_docs_test)
>>> prediction[:10]
array([0, 0, 0, 0, 0, 1, 1, 0, 0, 1])
```

最后，调用 score 方法以快速度量分类器的正确率：

```
>>> accuracy = clf.score(term_docs_test, Y_test)
>>> print('The accuracy using MultinomialNB is:
{0:.1f}%'.format(accuracy*100))
The accuracy using MultinomialNB is: 92.0%
```

3.8　分类器性能评估

至此，我们已介绍完第一个机器学习分类器，并深入学习了用预测结果的正确率来评估分类器的性能。

混淆矩阵（confusion matrix）按照预测值和实际值来总结测试情况，以列联表的形式呈现，如图 3-8 所示。

		预测结果	
		负	正
实际结果	负	TN	FP
	正	FN	TP

TN = True Negative
FP = False Positive
FN = False Negative
TP = True Positive

图 3-8 预测结果和实际结果的混淆矩阵

为了解释图 3-8 的意思，我们来计算朴素贝叶斯分类器的混淆矩阵。下面代码使用了 scikit-learn 库的 `confusion_matrix` 函数，其实自己写代码实现也很简单：

```
>>> from sklearn.metrics import confusion_matrix
>>> confusion_matrix(Y_test, prediction, labels=[0, 1])
array([[1098,   93],
       [ 43, 473]])
```

请注意，我们将类别 1 垃圾邮件这一类视为正类。从上面输出的混淆矩阵来看，有 93 个假正类[①]（将合法邮件误判为垃圾邮件），43 个假负类（未能正确识别垃圾邮件）。分类正确率为正确分类的邮件数占总邮件数的百分比：

$$\frac{TN + TP}{TN + TP + FP + FN} = \frac{1098 + 473}{1707} = 92.0\%$$

准确率（precision）度量的是分到正类的样本，实际属于正类的比例，也就是 $\frac{TP}{TP + FP}$，该例中为 $\frac{473}{473 + 93} = 0.836$。

召回率（recall）度量的是我们正确识别的真正类的比例，也就是 $\frac{TP}{TP + FN}$，该例中为 $\frac{473}{473 + 43} = 0.917$。召回率亦称为真正率。

F1 值同时反映了准确率和召回率，比较全面，它等于两者的调和平均数：$F1 = 2*$

---

① 前面将垃圾邮件作为正类 1。——译者注

$\dfrac{precision * recall}{precision + recall}$。我们倾向于使用 F1 值，而不是单独使用准确率或召回率。

下面，我们用 scikit-learn 提供的函数来计算这 3 个指标：

```
>>> from sklearn.metrics import precision_score, recall_score, f1_score
>>> precision_score(Y_test, prediction, pos_label=1)
0.83568904593639581
>>> recall_score(Y_test, prediction, pos_label=1)
0.91666666666666663
>>> f1_score(Y_test, prediction, pos_label=1)
0.87430683918669128
```

我们也可将 0 类合法邮件视为正类，视情况而定。例如，将 0 赋给 pos_label：

```
>>> f1_score(Y_test, prediction, pos_label=0)
0.94168096054888506
```

我们要获得准确率、召回率和 F1 值，不必像上面这样调用 3 次函数，最快捷的方法是调用 classification_report 函数：

```
>>> from sklearn.metrics import classification_report
>>> report = classification_report(Y_test, prediction)
>>> print(report)
           precision  recall  f1-score  support

       0     0.96      0.92      0.94     1191
       1     0.84      0.92      0.87      516

avg / total  0.92      0.92      0.92     1707
```

avg 这一行是 2 个类别的 3 个指标（precision、recall、f1-score）的加权平均值。

度量报告给出了分类器在每个类别上的性能表现，很全面，非常适合各类别样本数量不平衡的分类任务。虽然，将每个样本统统分到样本数量占多数的类中就能取得较高的正确率，但是对于样本数量较少的类，其准确率、召回率和 F1 值将非常低。

准确率、召回率和 F1 值也适用于多分类，我们可将感兴趣的类当作正类，其余各类当作负类。

在调试二分类器的过程（尝试不同的参数组合，比如垃圾邮件分类器的词语特征的维度、平滑因子）中，如果能找到一组参数，使得两个类别的 F1 均值及每个类别的 F1 值同时达到最大再好不过。但实际情况往往并非如此。有时，一个模型的 F1 均值高于另一模型，但它的某个类别的 F1 值却非常低；有时两个模型的 F1 均值相同，但其中一个模型某个类别的 F1 值高于另一模型同一类别的 F1 值,但它另一个类别的 F1 值却又低于另一模型的同一类别的 F1 值。遇到上述情况，我们如何判断哪个模型性能更好呢？**受试者工作特征**（Receiver Operating Characteristic，ROC）**曲线下的面积**（Area Under the Curve，AUC）是二分类常用的度量方法。

ROC 曲线描绘的是概率阈值的范围（0~1），即真正类与假正类的比值。对于一个测试样本，如果正类的概率大于阈值，将其归到正类；否则，归到负类。回想一下，真正类的占比等价于召回率，负正类的占比为误识别为正类的负类样本的占比。编写代码，绘制模型的 ROC 曲线（阈值为 0.0, 0.1, 0.2, ···, 1.0）：

```
>>> pos_prob = prediction_prob[:, 1]
>>> thresholds = np.arange(0.0, 1.2, 0.1)
>>> true_pos, false_pos = [0]*len(thresholds), [0]*len(thresholds)
>>> for pred, y in zip(pos_prob, Y_test):
...     for i, threshold in enumerate(thresholds):
...         if pred >= threshold:
                # if truth and prediction are both 1
...             if y == 1:
...                 true_pos[i] += 1
# if truth is 0 while prediction is 1
    ...             else:
...                 false_pos[i] += 1
...         else:
...             break
```

接着，分别取上述阈值，计算对应的真正率和假正率（我们有 516 个正类测试样本和 1191 个负类测试样本）：

```
>>> true_pos_rate = [tp / 516.0 for tp in true_pos]
>>> false_pos_rate = [fp / 1191.0 for fp in false_pos]
```

然后，用 matplotlib 绘制 ROC 曲线，结果如图 3-9 所示。

```
>>> import matplotlib.pyplot as plt
>>> plt.figure()
>>> lw = 2
>>> plt.plot(false_pos_rate, true_pos_rate, color='darkorange',
...          lw=lw)
>>> plt.plot([0, 1], [0, 1], color='navy', lw=lw, linestyle='--')
>>> plt.xlim([0.0, 1.0])
```

```
>>> plt.ylim([0.0, 1.05])
>>> plt.xlabel('False Positive Rate')
>>> plt.ylabel('True Positive Rate')
>>> plt.title('Receiver Operating Characteristic')
>>> plt.legend(loc="lower right")
>>> plt.show()
```

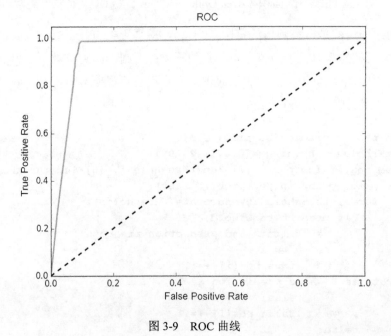

图 3-9 ROC 曲线

在图 3-9 中，虚线为基准线，表示随机猜测时，真正率随着假正率线的上升而上升，两者线性相关，它的 AUC 为 0.5。另一条曲线（图中的灰色线）为模型的 ROC，它的 AUC 比 1 略小。理想情况下，真正类样本的概率为 1，ROC 从表示 100%真正类和 0 假正类的点开始画起。这种完美的曲线，它的 AUC 为 1。我们可以利用 scikit-learn 库的 roc_auc_score 函数来计算模型准确的 AUC 值：

```
>>> from sklearn.metrics import roc_auc_score
>>> roc_auc_score(Y_test, pos_prob)
0.95828777198497783
```

3.9 模型调试和交叉检验

学习了用什么指标来度量分类模型之后，我们现在就来研究如何正确度量。我们不能像之前实验那样，只度量分类器对固定测试集的分类效果。这时，我们通常采用 k **折交叉检验**（k-fold cross-validation）技术来评估模型在实际应用中的一般表现。

k 折交叉检验，首先将原始数据集分为 k 个大小相同的子集，子集中各类别的占比往往会得以保留。k 个子集的每个样本集依次留作测试集，用来评估模型的性能。每次检验后，剩余的 $k-1$ 个子集（除去留作测试集的那个）组成训练集，训练模型。最后，取 k 次检验的平均性能作为最终结果。3 折交叉检验如图 3-10 所示。

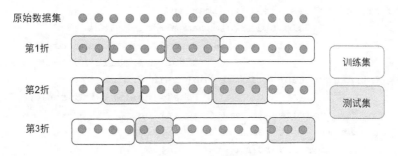

图 3-10　3 折交叉检验示意图

从统计学角度讲，k 折交叉检验得到的平均性能是对模型总体性能的准确估计。给定机器学习模型几组不同的参数值和（或）数据预处理算法，或是两个及以上的不同模型，模型调试和（或）模型选择的目标是挑选分类器的参数，使得平均性能最佳。带着这些概念，我们调试朴素贝叶斯分类器，并用交叉检验和 ROC 的 AUC 值度量性能。

我们可以用 scikit-learn 库 StratifiedKFold 类的 split 函数将数据分成几折，并保留各类别的占比。

```
>>> from sklearn.model_selection import StratifiedKFold
>>> k = 10
>>> k_fold = StratifiedKFold(n_splits=k)
>>> cleaned_e-mails_np = np.array(cleaned_e-mails)
>>> labels_np = np.array(labels)
```

初始化一个 10 折生成器后，我们选择调试以下参数的值：

- max_features，用作特征空间的 n 个最频繁的特征；

- 平滑因子，词语的初始计数；

- 是否使用从训练数据学到的先验。

```
>>> max_features_option = [2000, 4000, 8000]
>>> smoothing_factor_option = [0.5, 1.0, 1.5, 2.0]
>>> fit_prior_option = [True, False]
>>> auc_record = {}
```

然后，对 k_fold 对象 split 方法生产的每折数据，重复抽取词语计数这一类特征，并训练分类器，然后用刚刚提到的参数值预测，并记录得到的 AUC 值：

```
>>> for train_indices, test_indices in
                k_fold.split(cleaned_e-mails, labels):
...     X_train, X_test = cleaned_e-mails_np[train_indices],
                             cleaned_e-mails_np[test_indices]
...     Y_train, Y_test = labels_np[train_indices],
                             labels_np[test_indices]
...     for max_features in max_features_option:
...         if max_features not in auc_record:
...             auc_record[max_features] = {}
...         cv = CountVectorizer(stop_words="english",
                                 max_features=max_features)
...         term_docs_train = cv.fit_transform(X_train)
...         term_docs_test = cv.transform(X_test)
...         for smoothing in smoothing_factor_option:
...             if smoothing_factor not in
                                    auc_record[max_features]:
...                 auc_record[max_features][smoothing] = {}
...             for fit_prior in fit_prior_option:
...                 clf = MultinomialNB(alpha=smoothing,
                                        fit_prior=fit_prior)
...                 clf.fit(term_docs_train, Y_train)
...                 prediction_prob =
                             clf.predict_proba(term_docs_test)
...                 pos_prob = prediction_prob[:, 1]
...                 auc = roc_auc_score(Y_test, pos_prob)
...                 auc_record[max_features][smoothing][fit_prior]
                     = auc + auc_record[max_features][smoothing]
                                        .get(fit_prior, 0.0)
```

最后，输出各度量指标的结果：

```
>>> print('max features smoothing fit prior
            auc'.format(max_features, smoothing, fit_prior, auc/k))
```

```
>>> for max_features, max_feature_record in
                              auc_record.iteritems():
...     for smoothing, smoothing_record in
                              max_feature_record.iteritems():
...         for fit_prior, auc in smoothing_record.iteritems():
...             print(' {0} {1} {2} {3:.4f}'
                .format(max_features, smoothing, fit_prior, auc/k))
...
max features smoothing fit prior auc
        2000    0.5     False   0.9744
        2000    0.5     True    0.9744
        2000    1.0     False   0.9725
        2000    1.0     True    0.9726
        2000    2.0     False   0.9707
        2000    2.0     True    0.9706
        2000    1.5     False   0.9715
        2000    1.5     True    0.9715
        4000    0.5     False   0.9815
        4000    0.5     True    0.9817
        4000    1.0     False   0.9797
        4000    1.0     True    0.9797
        4000    2.0     False   0.9779
        4000    2.0     True    0.9778
        4000    1.5     False   0.9787
        4000    1.5     True    0.9785
        8000    0.5     False   0.9855
        8000    0.5     True    0.9856
        8000    1.0     False   0.9845
        8000    1.0     True    0.9845
        8000    2.0     False   0.9838
        8000    2.0     True    0.9837
        8000    1.5     False   0.9841
        8000    1.5     True    0.9841
```

参数值组合（8000, 0.5, True）取得最高的 AUC 值 0.9856。

3.10　小结

通过本章的学习，我们掌握了机器学习分类问题中的虽基础却很重要的概念，其中包括分类问题的类型、分类性能评估、交叉检验、模型调试以及简单却强大的分类器——朴素贝叶斯。我们通过几个例子和垃圾邮件识别项目，详细介绍了朴素贝叶斯的原理和实现方法。

俗话说，熟能生巧。影评情感分类（积极或消极）也是一个很好的练手机会，能加深你对分类问题的理解。

第 4 章
用支持向量机为新闻话题分类

在本章中，我们继续文本数据分类之旅。我们通过实现机器学习分类方法来实现多种实际应用，而本章是一个很好的起点。我们重点探讨如何将第 2 章所使用的新闻语料，根据话题分成不同的类。我们用另一种强大的分类器——支持向量机（Support Vector Machine，SVM）来解决该问题。

在本章中，我们将深入讲解以下主题。

- 词频-逆文档频率。

- SVM 简介。

- SVM 的原理。

- SVM 的实现。

- 多分类策略。

- SVM 的非线性内核。

- 线性和高斯内核该如何选择？

- SVM 的过拟合问题和降低过拟合。

- 用支持向量机为新闻话题分类。

- 用网格搜索和交叉检验调试参数。

4.1 回顾先前内容和介绍逆文档频率

在第 3 章中，我们在抽取出来的特征空间上，用朴素贝叶斯分类器来检测垃圾邮件。特征空间用**词频**（term frequency，tf）表示，一系列文本文档被转换为一个词频计数的矩阵。它反映的是单词在每篇文档的分布，但无法反映单词在所有文档（整个语料库）的分布。例如，一门语言中一些词通常出现得比较频繁，但它们的信息量较少，而一些很少出现的词却能传达重要的信息，只用词频特征无法捕获这些信息。

因此，我们鼓励用一种更全面的方法来抽取文本特征——**词频-逆文档频率**（term frequency- inverse document frequency，tf-idf）。该方法为每个词频赋予一个权值因子，该因子与文档频率（含有该词语的文档的占比）成反比。在实际应用中，词语 t 在文档 D 中的 idf 因子的计算方式如下：

$$idf(t, D) = \log \frac{n_D}{1 + n_t}$$

n_D 是文档的总数，n_t 是含有 t 的文档的数量，分母加一是为了防止分母为零。

idf 因子被整合，可以削减频繁出现的常用词语的权值（比如"get""make"），加大少见但意义丰富的词语的权值。

我们可以在现有的垃圾邮件检测模型中测试 tf-idf 的效果，只要将 scikit-learn 的 tf 特征抽取模型 CountVectorizer 替换为 tf-idf 特征抽取模型 TfidfVectorizer 即可。大部分代码复用之前的即可，仅需调试朴素贝叶斯的平滑参数：

```
>>> from sklearn.feature_extraction.text import TfidfVectorizer
>>> smoothing_factor_option = [1.0, 2.0, 3.0, 4.0, 5.0]
>>> from collections import defaultdict
>>> auc_record = defaultdict(float)
>>> for train_indices, test_indices in k_fold.split(cleaned_emails,
labels):
...     X_train, X_test = cleaned_emails_np[train_indices],
                                cleaned_emails_np[test_indices]
...     Y_train, Y_test = labels_np[train_indices],
                                labels_np[test_indices]
...     tfidf_vectorizer = TfidfVectorizer(sublinear_tf=True,
```

```
              max_df=0.5, stop_words='english', max_features=8000)
...       term_docs_train = tfidf_vectorizer.fit_transform(X_train)
...       term_docs_test = tfidf_vectorizer.transform(X_test)
...       for smoothing_factor in smoothing_factor_option:
...           clf = MultinomialNB(alpha=smoothing_factor,
                                        fit_prior=True)
...           clf.fit(term_docs_train, Y_train)
...           prediction_prob = clf.predict_proba(term_docs_test)
...           pos_prob = prediction_prob[:, 1]
...           auc = roc_auc_score(Y_test, pos_prob)
...           auc_record[smoothing_factor] += auc
>>> print('max features smoothing fit prior auc')
>>> for smoothing, smoothing_record in auc_record.iteritems():
...       print('      8000        {0}        true
                            {1:.4f}'.format(smoothing,
smoothing_record/k))
max features smoothing fit prior auc
      8000      1.0      True      0.9920
      8000      2.0      True      0.9930
      8000      3.0      True      0.9936
      8000      4.0      True      0.9940
      8000      5.0      True      0.9943
```

我们取得的最好成绩是 10 折平均 AUC 0.9943,胜过了第 3 章用 tf 特征训练的模型所取得的 0.9856 的最佳成绩。

4.2 SVM

介绍了词频之外的另一强大的文本特征抽取方法——词频-逆文档频率之后,我们将继续介绍用于文本数据分类的另一强大分类器——**SVM**。

在机器学习分类问题中,SVM 寻找能最好地分隔不同类别观测数据的最优超平面。**超平面**(hyperplane)是一个维度为 $n-1$ 的平面,它将观测数据的 n 维特征空间分成两个空间。例如,两维特征空间中的超平面是一条直线,三维特征空间的超平面是一个平面。SVM 选取的最优超平面,应使每个空间中离超平面最近的点到超平面的距离最大化。这些最近的点就是所谓的**支持向量**(support vector),如图 4-1 所示。

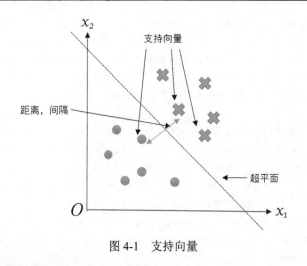

图 4-1 支持向量

4.2.1 SVM 的原理

根据上述 SVM 的定义，可能的超平面有无限多个。如何识别最优的呢？我们通过以下几个场景来深入讨论 SVM 的细节。

1. 场景 1——识别分隔超平面

首先，我们得理解分隔超平面（separating hyperplane）需具备哪些特点。在下面这个例子中，如图 4-2 所示，C 是唯一正确的超平面，因为它成功地根据观测样本的标签将其隔开，而超平面 A 和 B 就不能将其隔开。我们可用如下数学语言来表述。

在二维空间中，斜率向量 w（用二维向量表示）和截距 b 可定义一条直线。类似地，在 n 维空间，n 维向量 w 和截距 b 可定义一个超平面。超平面上的任意数据点，满足 $wx + b = 0$。超平面要成为分隔超平面，需满足以下条件：

- 某一类别的所有数据点 x，满足 $wx + b > 0$；
- 另一类别的所有数据点 x，满足 $wx + b < 0$。

w 和 b 可能的取值有无穷多个。因此，接下来我们要学习如何从所有可能的分隔超平面中找到最优的。

2. 场景 2——确定最优超平面

在下面这个例子中，如图 4-3 所示，超平面 C 是最优的，它使得正类离它最近的数据点到它的距离和负类离它最近的数据点到它的距离之和最大。正类这边距离 C 最近的一个或多个点，可构成一个跟 C（决策超平面）平行的超平面，我们将其称作正类超平面；反之，负类那边距离 C 最近的一个或多个点，构成负类超平面。正负超平面之间的垂直距离称为**间隔**（margin），它的值等于上述两个距离之和。间隔最大化时，决策超平面为最优。

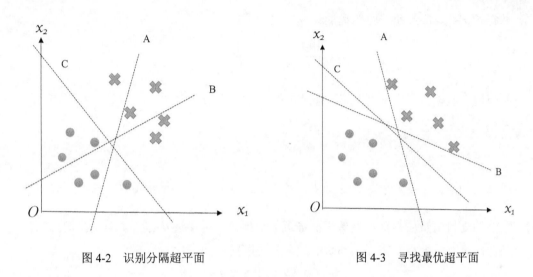

图 4-2　识别分隔超平面　　　　　　图 4-3　寻找最优超平面

SVM 模型的最大间隔（最优）超平面和间隔是用两个类别的样本训练的，如图 4-4 所示。间隔上的样本（两个是加号类别，一个是圆圈类别）就是所谓的支持向量。

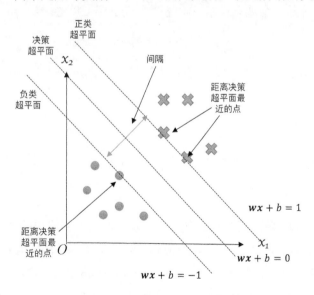

图 4-4　SVM 模型的最优超平面和间隔

我们再次用数学语言来阐释 SVM 的原理，首先将正负超平面表示如下：

$$wx^{(p)} + b = 1$$
$$wx^{(n)} + b = -1$$

其中，$x^{(p)}$ 是正类超平面上的一个数据点，$x^{(n)}$ 为负类超平面上的一个数据点。

数据点 $x^{(p)}$ 与决策超平面距离的计算方式如下：

$$\frac{\left|wx^{(p)} + b\right|}{\|w\|} = \frac{1}{\|w\|}$$

类似地，数据点 $x^{(n)}$ 与决策超平面距离的计算方式如下：

$$\frac{\left|wx^{(n)} + b\right|}{\|w\|} = \frac{1}{\|w\|}$$

因此，间隔为 $\frac{2}{\|w\|}$。要最大化间隔，我们需最小化 $\|w\|$。此外还要注意，正类和负类超平面上的支持向量应是距离决策平面最近的数据点。为了遵从这一事实，我们添加一个约束条件：没有数据点落在正类和负类超平面之间的空间。

$$wx^{(i)} + b \geq 1, 若 y^{(i)} = 1$$
$$wx^{(i)} + b \leq 1, 若 y^{(i)} = -1$$

其中，$\left(x^{(i)}, y^{(i)}\right)$ 是一个观测样本。上述两个式子还可以进一步合并为下面这个式子：

$$y^{(i)}\left(wx^{(i)} + b\right) \geq 1$$

总结一下，训练 SVM 模型，寻找确定决策超平面的 w 和 b 这一难题，转化为了求解以下最优化问题：

- 最小化 $\|w\|$；

- 约束条件是，给定训练集 $\left(x^{(1)}, y^{(1)}\right)$，$\left(x^{(2)}, y^{(2)}\right), \cdots, \left(x^{(i)}, y^{(i)}\right), \cdots, \left(x^{(m)}, y^{(m)}\right)$，$y^{(i)}\left(wx^{(i)} + b\right) \geq 1$。

求解该最优化问题，我们得使用二次规划方法，而这不在我们的学习路线之列。因而，我们不详细讲解求解方法，而是用 scikit-learn 的 SVC 和 LinearSVC API 实现该分类器，它们分别基于两个流行的开源 SVM 机器学习包 libsvm 和 liblinear 实现。但是若能理解 SVM 计算涉及的相关概念，还是非常令人兴奋的。Shai ShalevShwartz 等人所写的文章 "Pegasos:

Primal estimated sub-gradient solver for SVM[①]"（Mathematical Programming March 2011, Volume 127, Issue 1, pp 3-30）和 Cho-Jui Hsieh 等人所写的文章 "A Dual Coordinate Descent Method for Large-scale Linear SVM[②]"（Proceedings of the 25th international conference on Machine learning, pp 408-415）是很棒的学习材料。他们都讲到了两种现代意义上的方法——次梯度（sub-gradient descent）和坐标梯度（coordinate descent）算法。

学习了 w 和 b 之后，按如下方式，用它们为新样本 x' 分类：

$$y' = \begin{cases} 1, & \text{若 } wx' + b > 0 \\ -1, & \text{若 } wx' + b < 0 \end{cases}$$

$|wx' + b|$ 可描述为数据点 x' 到决策超平面的距离，也可解释为预测的置信度（confidence）。该值越大，数据点距离决策超平面越远，预测结果更可信。

虽然我们迫不及待地想实现 SVM 算法，但还是暂且后退一步，先来看一下数据点不是完全线性可分的这种很常见的场景，如图 4-5 所示。

3．场景 3——处理离群点

一组观测数据若包含离群点，那么整个数据集将会线性不可分。我们允许将离群点分错类，并尝试将引入的错误最小化。样本 $x^{(i)}$ 的误分类错误 $\zeta^{(i)}$（亦称为 hinge 损失）可表示为：

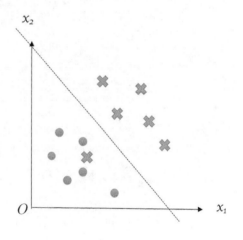

图 4-5 数据点不是完全线性可分的

$$\zeta^{(i)} = \begin{cases} 1 - y^{(i)}\left(wx^{(i)} + b\right), & \text{分类错误} \\ 0, & \text{分类正确} \end{cases}$$

再加上我们终归还要最小化的 $\|w\|$，我们接下来需要最小化的式子变为：

$$\|w\| + C\frac{\sum_{i=1}^{m} \zeta^{(i)}}{m}。$$

对于给定的包含 m 个样本 $\left(x^{(1)}, y^{(1)}\right)$，$\left(x^{(2)}, y^{(2)}\right), \cdots, \left(x^{(i)}, y^{(i)}\right), \cdots, \left(x^{(m)}, y^{(m)}\right)$ 的训练集，

---

① 本文介绍一种随机次梯度下降算法——Pegasos。——译者注
② 本文介绍一种大规模线性 SVM 的对偶坐标下降算法。——译者注

参数 C 控制最小化的式子中前后两项之间的权衡。

C 若选取较大的值，模型对误分类的惩罚相对较高，严格按照现有数据点的模式分隔数据点，模型易于过拟合。C 较大的 SVM 模型，偏差较低，但方差可能较高。

反之，C 取足够小的值，误分类的影响相对较小，允许更多数据点分错类，数据点分隔没有那么严厉。C 较小的 SVM 模型，方差较低，但也许是以高偏差为代价。

详细描述如图 4-6 所示。

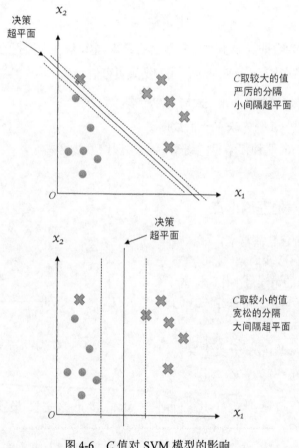

图 4-6　C 值对 SVM 模型的影响

参数 C 可以权衡偏差和方差，我们可用交叉检验调试该参数，随后我们就会练习调参方法。

4.2.2　SVM 的实现

至此，我们介绍了 SVM 分类器的所有基础知识。现在，我们就用该算法将新闻按话题分成不同的几类。我们先来实现二分类，将新闻分为 comp.graphics 或 sci.space。

首先，加载 comp.graphics 和 sci.space 新闻组数据的训练集和测试集：

```
>>> categories = ['comp.graphics', 'sci.space']
>>> data_train = fetch_20newsgroups(subset='train',
                            categories=categories, random_state=42)
>>> data_test = fetch_20newsgroups(subset='test',
                            categories=categories, random_state=42)
```

再次提醒，为了日后复现实验，别忘了指定一个随机状态。

清洗文本数据，并输出训练集和测试集标签的数量：

```
>>> cleaned_train = clean_text(data_train.data)
>>> label_train = data_train.target
>>> cleaned_test = clean_text(data_test.data)
>>> label_test = data_test.target
>>> len(label_train), len(label_test)
(1177, 783)
```

比较好的做法是，在分类之前，先检查两个类别的样本数量是否失衡：

```
>>> from collections import Counter
>>> Counter(label_train)
Counter({1: 593, 0: 584})
>>> Counter(label_test)
Counter({1: 394, 0: 389})
```

接下来，我们用刚刚建立的 TfidfVectorizer 模型来抽取 tf-idf 特征：

```
>>> tfidf_vectorizer = TfidfVectorizer(sublinear_tf=True,
            max_df=0.5, stop_words='english', max_features=8000)
>>> term_docs_train =
            tfidf_vectorizer.fit_transform(cleaned_train)
>>> term_docs_test = tfidf_vectorizer.transform(cleaned_test)
```

抽取特征之后，我们就可以开始用 SVM 算法了。初始化 SVC 模型，将参数 kernel（内核）设置为 linear（稍后会解释），惩罚因子 C 使用默认值 1.0：

```
>>> from sklearn.svm import SVC
>>> svm = SVC(kernel='linear', C=1.0, random_state=42)
```

接着，在训练集上拟合模型：

```
>>> svm.fit(term_docs_train, label_train)
SVC(C=1.0, cache_size=200, class_weight=None, coef0=0.0,
  decision_function_shape=None, degree=3, gamma='auto',
  kernel='linear',max_iter=-1, probability=False, random_state=42,
  shrinking=True, tol=0.001, verbose=False)
```

然后，用训练好的模型来预测测试集样本的标签，直接输出预测结果的正确率：

```
>>> accuracy = svm.score(term_docs_test, label_test)
>>> print('The accuracy on testing set is:
                                {0:.1f}%'.format(accuracy*100))
The accuracy on testing set is: 96.4%
```

我们的第一个 SVM 模型表现很棒，取得了 96.4%的正确率。两个以上话题的分类效果如何，SVM 如何处理多分类问题呢？

场景 4——两个以上类别的分类

SVM 和很多其他分类器一样，都可扩展为多分类器，常用的方法有两种：**一对其余**（one-vs-rest，亦称一对全部 one-vs-all）和**一对一**（one-vs-one）。

在一对其余这种情况下，K 个类别的分类问题，需构造 K 个不同的二值 SVM 分类器。其中，第 i 个分类器，将第 i 个类分为正类，其余 $K-1$ 个类统统分为负类。此外，还需训练超平面 (w_k, b_k) 分隔这两个类别。要预测新样本 x' 的类别，需要比较 k 个不同分类器的预测结果 $w_k x' + b_k$。如上节所述，$wx' + b$ 的值越大，表示 x' 属于正类的置信度越高。因而，将所有预测结果中，令 $w_i x' + b_i$ 取得最大值的类别 i 作为 x' 的目标类别。

$$y' = \underset{i=1,\cdots,K}{\mathrm{argmax}}(w_i x' + b_i)$$

例如，如果 $w_r x' + b_r = 0.78$，$w_b x' + b_b = 0.35$，$w_g x' + b_g = -0.64$，我们将 x' 分到红色[①]（图标为加号）这一类；如果 $w_r x' + b_r = -0.78$，$w_b x' + b_b = -0.35$，$w_g x' + b_g = -0.64$，尽管 $w_b x' + b_b = -0.35$，结果为负，我们仍将 x' 分到蓝色（图标为圆圈）这一类，如图 4-7 所示。

在一对一方法中，每两个类别就需构造一个二分类 SVM 分类器。若成对比较，共需构造 $\dfrac{K(K-1)}{2}$ 个不同的分类器。

---

① 原文为 "green class"，实际为红色这一类。——译者注

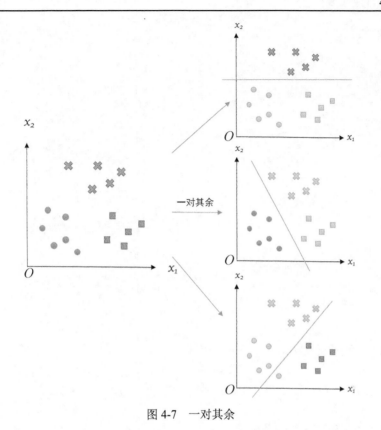

图 4-7　一对其余

对于类别 i 和 j 的分类器，超平面 $\left(\boldsymbol{w}_{ij}, b_{ij}\right)$ 仅用 i 类（可视为正类）和 j 类（可视为负类）的观测数据训练；然后根据 $\boldsymbol{w}_{ij}\boldsymbol{x}' + b_{ij}$ 的符号，将 $\boldsymbol{x}'$ 分为 i 或 j 类；最后，取预测结果中占多数的类别作为 $\boldsymbol{x}'$ 的类别，如图 4-8 所示。

大多数情况下，一对其余和一对一 SVM 分类器正确率相当。选取哪种方法很大程度上取决于计算的复杂度。

虽然一对一方法（$\dfrac{K(K-1)}{2}$）较一对其余（K）需要更多的分类器，但一对一方法每两个类别的分类器仅需学习小部分数据，而一对其余方法，则需要学习整个数据集。因此，用一对一方法训练 SVM 模型，通常占用的内存少，计算量小，在实际应用中多采用该方法，正如 Chih-Wei Hsu 和 Chih-Jen Lin 在论文 "A Comparison of Methods for Multi-Class Support Vector Machines[①]"（*IEEE Transactions on Neural Networks*[①]，2002, Volume 13, pp

---

① 多分类支持向量机方法比较。——译者注

415-425）中所讲的。

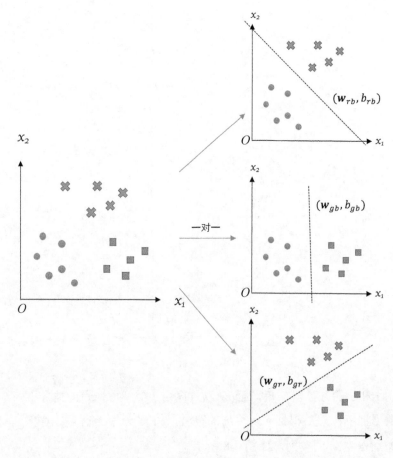

图 4-8 一对一

scikit-learn 的分类器实现了对多分类的处理，我们无须编写额外代码来启用它。下面我们通过一个例子来看下用 scikit-learn 分类器处理多分类有多简单。我们将新闻语料按话题分成 comp.graphics、sci.space、alt.atheism、talk.religion.misc 或 rec.sport.hockey 5 类：

```
>>> categories = [
...     'alt.atheism',
...     'talk.religion.misc',
...     'comp.graphics',
...     'sci.space',
```

---

① 该期刊已更名为 *IEEE Transactions on Neural Networks and Learning Systems*，主要发表神经网络及相关学习系统的理论、设计和应用方面的文章。——译者注

```
...        'rec.sport.hockey'
... ]
>>> data_train = fetch_20newsgroups(subset='train',
                            categories=categories, random_state=42)
>>> data_test = fetch_20newsgroups(subset='test',
                            categories=categories, random_state=42)
>>> cleaned_train = clean_text(data_train.data)
>>> label_train = data_train.target
>>> cleaned_test = clean_text(data_test.data)
>>> label_test = data_test.target
>>> term_docs_train =
                tfidf_vectorizer.fit_transform(cleaned_train)
>>> term_docs_test = tfidf_vectorizer.transform(cleaned_test)
```

实际上，SVC 用一对一方法处理多分类问题：

```
>>> svm = SVC(kernel='linear', C=1.0, random_state=42)
>>> svm.fit(term_docs_train, label_train)
>>> accuracy = svm.score(term_docs_test, label_test)
>>> print('The accuracy on testing set is:
                        {0:.1f}%'.format(accuracy*100))
The accuracy on testing set is: 88.6%
```

我们可检验它对每个类别的分类性能：

```
>>> from sklearn.metrics import classification_report
>>> prediction = svm.predict(term_docs_test)
>>> report = classification_report(label_test, prediction)
>>> print(report)
```

	precision	recall	f1-score	support
0	0.81	0.77	0.79	319
1	0.91	0.94	0.93	389
2	0.98	0.96	0.97	399
3	0.93	0.93	0.93	394
4	0.73	0.76	0.74	251
avg / total	0.89	0.89	0.89	1752

结果不坏！我们照旧可调试 SVC 模型的参数 kernel='linear' 和 C=1.0。我们讲过参数 C 控制分类的严格程度。调试该参数，可在偏差和方差间取得最佳的折中。那么内核参数呢？它是什么？除了线性内核外，还有哪些类型？下节我们将见证内核如何让 SVM 变得超级强大。

4.2.3 SVM 内核

场景 5——解决线性不可分问题

至此，我们所探讨的超平面都是线性的，例如，
二维特征空间的一条直线，三维空间的一个平面。然
而，就像下面要讲的这些场景一样，我们经常遇到的
情况是，无法找到一个线性超平面将两个类别隔开。

在图 4-9 中，凭直觉，我们发现一个类别的数据
点比起另一个类别的数据点，距离原点较近。数据
点距原点的距离所提供的信息具有区分数据点的功
能。因此，我们增加一个新特征 $z = \left(x_1^2 + x_2^2 \right)^2$，它将
原二维空间转换为新的三维空间。在新空间中，我

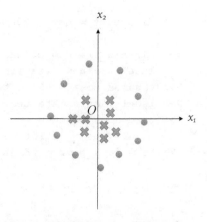

图 4-9 线性不可分

们能找到分隔数据的超平面或二维视角中的一条曲线。添加这一额外的特征后，数据集在
更高维空间（x_1，x_2，z）变为线性可分，如图 4-10 所示。

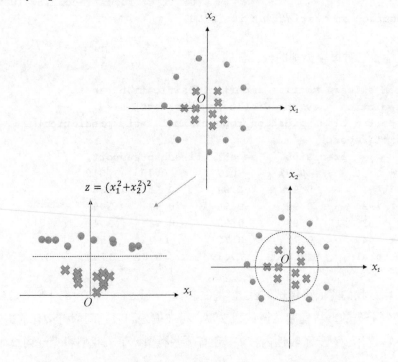

图 4-10 二维空间的数据点转换到三维空间，变为线性可分

　　类似地，SVM 采用内核技术，然后利用转换函数 ϕ，将原特征空间转换到更高维的特征空间 $\boldsymbol{x}^{(i)}$ 中，这使得转换后的数据集 $\phi(\boldsymbol{x}^{(i)})$ 线性可分，从而解决了线性不可分的大难题。然后，用观测数据 $\phi(\boldsymbol{x}^{(i)}, y^{(i)})$ 训练线性超平面$(\boldsymbol{w}_\phi, b_\phi)$。对新样本 $\boldsymbol{x}'$ 的分类问题，先将其转换为 $\phi(\boldsymbol{x}')$，其预测结果由 $\boldsymbol{w}_\phi \boldsymbol{x}' + b_\phi$ 决定。采用内核技术的 SVM，不仅能解决线性不可分问题，还提高了计算效率。在转换后得到的高维空间中，我们并不需要直接做复杂的计算，原因如下。

　　求解 SVM 的二次优化问题的过程中，向量两两点积 $\boldsymbol{x}^{(i)} \cdot \boldsymbol{x}^{(j)}$ 的最后形式才涉及特征向量 $\boldsymbol{x}^{(1)}, \boldsymbol{x}^{(2)}, \cdots, \boldsymbol{x}^{(m)}$，虽然前几节我们没有展开讲推导过程，但这里还是要提一下。采用内核技术，新的特征向量为 $\phi(\boldsymbol{x}^{(1)}), \phi(\boldsymbol{x}^{(2)}), \cdots, \phi(\boldsymbol{x}^{(m)})$，它们两两之间的点积可表示为：

$$\phi(\boldsymbol{x}^{(i)}) \cdot \phi(\boldsymbol{x}^{(j)}) = \phi(\boldsymbol{x}^{(i)} \cdot \boldsymbol{x}^{(j)})$$

　　其中，低维特征两两之间的点积 $\boldsymbol{x}^{(i)} \cdot \boldsymbol{x}^{(j)}$ 可先行计算，然后直接用转换函数 ϕ 将其映射到高维空间。此时存在一个函数 K，满足如下关系：

$$K(\boldsymbol{x}^{(i)}, \boldsymbol{x}^{(j)}) = \phi(\boldsymbol{x}^{(i)} \cdot \boldsymbol{x}^{(j)}) = \phi(\boldsymbol{x}^{(i)}) \cdot \phi(\boldsymbol{x}^{(j)})$$

　　其中，K 就是所谓的**内核函数**。因此，只要将 $\boldsymbol{x}^{(i)} \cdot \boldsymbol{x}^{(j)}$ 替换为 $K(\boldsymbol{x}^{(i)} \cdot \boldsymbol{x}^{(j)})$，就可高效地学习非线性决策边界（decision boundary）。

　　最常用的核函数是**径向基函数**（Radial Basis Function，RBF），该内核也称为**高斯内核**（Gaussian kernel），它的定义如下：

$$K(\boldsymbol{x}^{(i)}, \boldsymbol{x}^{(j)}) = \exp\left(-\frac{\left\|\boldsymbol{x}^{(i)} - \boldsymbol{x}^{(j)}\right\|^2}{2\sigma^2}\right) = \exp(-\gamma \left\|\boldsymbol{x}^{(i)}, \boldsymbol{x}^{(j)}\right\|^2)$$

　　其中，$\gamma = \dfrac{1}{2\sigma^2}$。在高斯函数中，标准差 σ 控制着所允许的变化或分散程度——σ 值越高（或 γ 越小），钟形的宽度越大，数据点的分布范围越广。因此，**内核因子**（kernel coefficient）γ 决定着内核函数拟合观测数据的程度。γ 值较大，表明方差较小，对训练样本拟合相对精确，这可能会导致偏差较大。反之，γ 取较小的值，暗示着方差可能会较大，泛化能力不强，也许会引起过拟合问题。举个例子，我们用 RBF 内核处理一个数据集，参数 γ 分别取不同的值：

```
>>> import numpy as np
>>> import matplotlib.pyplot as plt
>>> X = np.c_[# negative class
...           (.3, -.8),
```

```
...                 (-1.5, -1),
...                 (-1.3, -.8),
...                 (-1.1, -1.3),
...                 (-1.2, -.3),
...                 (-1.3, -.5),
...                 (-.6, 1.1),
...                 (-1.4, 2.2),
...                 (1, 1),
...                 # positive class
...                 (1.3, .8),
...                 (1.2, .5),
...                 (.2, -2),
...                 (.5, -2.4),
...                 (.2, -2.3),
...                 (0, -2.7),
...                 (1.3, 2.1)].T
>>> Y = [-1] * 8 + [1] * 8
>>> gamma_option = [1, 2, 4]
```

γ 分别取 3 个不同的值，然后训练分类器，得到不同的决策边界。我们将数据集的所有数据点和决策边界绘制出来，如图 4-11 所示。

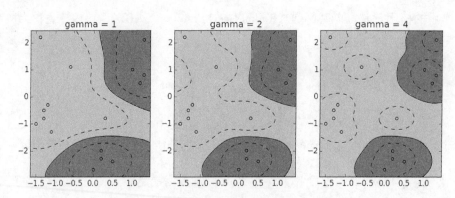

图 4-11　γ 取 3 个不同值所得到的决策边界

```
>>> import matplotlib.pyplot as plt
>>> plt.figure(1, figsize=(4*len(gamma_option), 4))
>>> for i, gamma in enumerate(gamma_option, 1):
...     svm = SVC(kernel='rbf', gamma=gamma)
...     svm.fit(X, Y)
...     plt.subplot(1, len(gamma_option), i)
...     plt.scatter(X[:, 0], X[:, 1], c=Y, zorder=10,
                                    cmap=plt.cm.Paired)
```

```
...        plt.axis('tight')
...        XX, YY = np.mgrid[-3:3:200j, -3:3:200j]
...        Z = svm.decision_function(np.c_[XX.ravel(), YY.ravel()])
...        Z = Z.reshape(XX.shape)
...        plt.pcolormesh(XX, YY, Z > 0, cmap=plt.cm.Paired)
...        plt.contour(XX, YY, Z, colors=['k', 'k', 'k'],
...                linestyles=['--', '-', '--'], levels=[-.5, 0, .5])
...        plt.title('gamma = %d' % gamma)
>>> plt.show()
```

再次提醒，γ 可用交叉检验方法细加调试，以取得最好的结果。

其他常用的内核函数有**多项式核**和 **Sigmoid 核**：

$$K(\boldsymbol{x}^{(i)}, \boldsymbol{x}^{(j)}) = (\boldsymbol{x}^{(i)} \cdot \boldsymbol{x}^{(j)} + \gamma)^d$$

$$K(\boldsymbol{x}^{(i)}, \boldsymbol{x}^{(j)}) = tanh(\boldsymbol{x}^{(i)} \cdot \boldsymbol{x}^{(j)} + \gamma)$$

若对于数据分布没有专家级先验知识，那在实际应用中，人们通常喜欢用 RBF 内核，因为多项式核需要调试的参数（多项式的次数）较多。基于先验知识的 Sigmoid 核，只有在特定的参数值下，性能才能与 RBF 内核相当。因此，SVM 模型的内核，在线性和 RBF 内核之间选择即可。

4.2.4　线性和 RBF 内核的选择

选择的标准当然是线性可分性。然而，在大多数情况下，很难确定数据是否线性可分，除非你有足够的先验知识或特征的维度很低（一维到三维）。

先验知识包括文本数据往往线性可分，而来自 XOR 函数的数据通常线性不可分。我们来看看更倾向于使用线性内核的 3 个场景。

场景 1：特征的数量和实例的数量都很大（大于 104 或 105）。因为特征空间维度足够高，所以此时通过 RBF 转换新增的特征，不会带来任何性能上的提升，却会增加计算开销。UCI 机器学习数据库的几个例子就属于该类型。

- **URL 信誉数据集**（URL Reputation Data Set）：该数据集用于根据词汇和域名信息来检测恶意 URL（实例数：2 396 130，特征数：3 231 961）。

- **YouTube 多视图视频游戏数据集**（YouTube Multiview Video Games Data Set）：该数据集用于话题分类（实例数：120 000，特征数：1 000 000）。

场景 2：特征数显著大于训练样本量。线性内核之所以更常用，除去场景 1 中所讲的原因外，另一原因是 RBF 内核极易过拟合。例如，以下数据集用 RBF 内核很容易出问题。

- **Dorothea 药物发现数据集**（Dorothea Data Set）：该数据集用于药物发现，即根据分子结构特征，将化合物分为活性或非活性（实例数：1950，特征数：100 000）。
- **Arcene 癌症检测数据集**（Arcene Data Set）：用于癌症检测的质谱分析数据集（实例数：900，特征数：10 000）。

场景 3：实例数明显大于特征数。对于低维数据集，RBF 内核将其映射到高维数据集，通常能提升性能。然而，考虑到训练模型的复杂度，当训练集样本量大于 106 或 107 时，该内核不再有效。

- **人类活动异构数据集**（Heterogeneity Activity Recognition Data Set）：该数据集用于识别人类活动（实例数：43 930 257，特征数：16）。
- **希格斯粒子数据集**（HIGGS Data Set）：该数据集用于区分产生希格斯粒子的信号过程和不能产生希格斯粒子的背景过程（实例数：11 000 000，特征数：28）。

除去以上 3 个场景，在实际应用中，首选 RBF 内核。

选用线性内核还是 RBF 内核的规则，如表 4-1 所示。

表 4-1 内核选取规则

场景	线性内核	RBF 内核
有专家级先验知识	如果线性可分	如果线性不可分
一维到三维的可视化数据	如果线性可分	如果线性不可分
特征和实例数都很大	首选	—
特征数>>实例数	首选	—
实例数>>特征数	首选	—
其他	—	首选

4.3 用 SVM 为新闻话题分类

终于，我们要用刚刚学的所有知识来构造一个先进的、基于 SVM 的新闻话题分类器了。

加载并清洗 20 个新闻组的全部数据：

```
>>> categories = None
>>> data_train = fetch_20newsgroups(subset='train',
                          categories=categories, random_state=42)
>>> data_test = fetch_20newsgroups(subset='test',
                          categories=categories, random_state=42)
>>> cleaned_train = clean_text(data_train.data)
>>> label_train = data_train.target
>>> cleaned_test = clean_text(data_test.data)
>>> label_test = data_test.target
>>> term_docs_train =
                 tfidf_vectorizer.fit_transform(cleaned_train)
>>> term_docs_test = tfidf_vectorizer.transform(cleaned_test)
```

还记得线性内核擅长文本数据分类吧。SVC 模型的内核参数 kernel 的值继续用 linear。我们仅需用交叉检验方法调试惩罚因子 *C*：

```
>>> svc_libsvm = SVC(kernel='linear')
```

至此，我们执行交叉检验方法时，都是将数据集切分为几折，每次都要编写一个 for 循环来逐一检验每个参数。现在，我们介绍一种更优雅的方法，用 scikit-learn 的 GridSearchCV 工具来实现交叉检验。GridSearchCV 在幕后默默地进行数据切分、每折数据的生成、交叉训练和检验等操作，最终不遗余力地搜索最优参数（组）。而我们只需指定要调试的参数及每个参数需要探索的参数值即可：

```
>>> parameters = {'C': (0.1, 1, 10, 100)}
>>> from sklearn.model_selection import GridSearchCV
>>> grid_search = GridSearchCV(svc_libsvm, parameters,
                                    n_jobs=-1, cv=3)
```

我们刚初始化的 GridSearchCV 模型将执行 3 折交叉检验（cv=3），它利用所有可用的 CPU 内核（n_jobs=-1）以并行方式运行。接着，调用 fit 方法来调试超参数，并记录运行时间：

```
>>> import timeit
>>> start_time = timeit.default_timer()
>>> grid_search.fit(term_docs_train, label_train)
>>> print("--- %0.3fs seconds ---" % (
                          timeit.default_timer() - start_time))
```

```
--- 189.506s seconds ---
```

我们可用如下代码获取最优参数组（该例中只寻找 C 的最优值）：

```
>>> grid_search.best_params_
{'C': 10}
```

使用最优参数，3 折交叉检验平均性能的最高分是：

```
>>> grid_search.best_score_
0.8665370337634789
```

接着，我们使用参数值最优的 SVM 模型来为新测试集分类：

```
>>> svc_libsvm_best = grid_search.best_estimator_
>>> accuracy = svc_libsvm_best.score(term_docs_test, label_test)
>>> print('The accuracy on testing set is:
                                    {0:.1f}%'.format(accuracy*100))
The accuracy on testing set is: 76.2%
```

要注意的是，我们在原始训练集上调试模型，当时是将其分为多折来进行交叉训练和检验，然后采用最优模型为原始测试集分类。我们用这种方式检验分类性能，以衡量模型能正确预测全新数据集的泛化能力。我们的第一个 SVC 模型，取得了 76.2% 的正确率。scikit-learn 的另一个 SVM 分类器 LinearSVC，性能又如何呢？LinearSVC 类似于线性内核的 SVC，但它是基于 liblinear 库而不是 libsvm 库实现的。我们用 LinearSVC 重现上述过程：

```
>>> from sklearn.svm import LinearSVC
>>> svc_linear = LinearSVC()
>>> grid_search = GridSearchCV(svc_linear, parameters,
                                        n_jobs=-1, cv=3))
>>> start_time = timeit.default_timer()
>>> grid_search.fit(term_docs_train, label_train)
>>> print("--- %0.3fs seconds ---" %
                        (timeit.default_timer() - start_time))
--- 16.743s seconds ---
>>> grid_search.best_params_
{'C': 1}
>>> grid_search.best_score_
0.8707795651405339
>>> svc_linear_best = grid_search.best_estimator_
```

```
>>> accuracy = svc_linear_best.score(term_docs_test, label_test)
>>> print('The accuracy on testing set is:
                              {0:.1f}%'.format(accuracy*100))
The accuracy on testing set is: 77.9%
```

LinearSVC 模型的性能好过 SVC 的，尤其是它的训练速度比 SVC 的速度快 10 倍还多。这是因为 liblinear 库具有较高的扩展性，它是专为大型数据集设计的，而 libsvm 库的计算复杂度高于多项式复杂度，无法很好地扩展到训练实例多于 105 的情况。

我们还可以调整特征抽取模型 TfidfVectorizer，以进一步提升性能。特征抽取和分类两个步骤前后相继，应该一起交叉检验。我们利用 scikit-learn 的流水线（pipeline）API 完成该工作。

首先，在流水线中组装 tfidf 特征抽取器和线性 SVM 分类器：

```
>>> from sklearn.pipeline import Pipeline
>>> pipeline = Pipeline([
...      ('tfidf', TfidfVectorizer(stop_words='english')),
...      ('svc', LinearSVC()),
... ])
```

这两步要调试的参数，用字典结构存放，用 "_" 将流水线步骤的名字和参数名连接起来作为字典的键，参数的备选值放到元组里，作为字典的值：

```
>>> parameters_pipeline = {
...      'tfidf__max_df': (0.25, 0.5),
...      'tfidf__max_features': (40000, 50000),
...      'tfidf__sublinear_tf': (True, False),
...      'tfidf__smooth_idf': (True, False),
...      'svc__C': (0.1, 1, 10, 100),
... }
```

除了调试 SVM 分类器的惩罚因子 C，我们还得调试特征抽取器 tfidf 的几个参数，如下所示。

- max_df：所允许的一个词语的最大文档频率，避免抽取文档中的常用词。

- max_features：所考虑的显著特征的数量。当前实验仅用前 8000 个特征。

- sublinear_tf：是否用对数函数来调整词频的取值范围。

- smooth_idf：是否先给文档频率加一，类似于词频的平滑。

网格搜索模型用于搜索在整个流水线中定义的几个参数的最优值：

```
>>> grid_search = GridSearchCV(pipeline, parameters_pipeline,
                                        n_jobs=-1, cv=3)
>>> start_time = timeit.default_timer()
>>> grid_search.fit(cleaned_train, label_train)
>>> print("--- %0.3fs seconds ---" %
                        (timeit.default_timer() - start_time))
--- 278.461s seconds ---
>>> grid_search.best_params_
{'tfidf__max_df': 0.5, 'tfidf__smooth_idf': False,
 'tfidf__max_features': 40000, 'svc__C': 1,
 'tfidf__sublinear_tf': True}
>>> grid_search.best_score_
0.88836839314124094
>>> pipeline_best = grid_search.best_estimator_
```

最后，用搜到的最优参数组构造的模型来为测试集分类：

```
>>> accuracy = pipeline_best.score(cleaned_test, label_test)
>>> print('The accuracy on testing set is: {0:.1f}%'.format(accuracy*100))
The accuracy on testing set is: 80.6%
```

`{max_df: 0.5, smooth_idf: False, max_features: 40000, sublinear_tf: True, C: 1}`参数组，在 20 个新闻组数据集上，获得 80.6%的最高分类正确率。

4.4 更多示例——用 SVM 根据胎心宫缩监护数据为胎儿状态分类

我们成功地实现了线性内核的 SVM 应用之后，再一起看看适合用 RBF 内核 SVM 的例子。

我们将构造一个分类器来帮助妇产科医生根据**胎心宫缩监护数据**（Cardiotocograms，CTGs）将胎儿分成 3 种状态（正常、疑似患病和病态）。我们用 UCI 机器学习库的胎心宫缩监护数据集，该数据集可直接从网上下载，它是一个.xls 格式的 Excel 文件。该数据集以胎儿心率和子宫收缩的度量结果为特征，以胎儿状态类别码为标签（1=正常，2=疑似患病，3=病态）。数据集总共包含 2126 个样本、23 个特征。考虑到实例和特征的数量差异（2126 并不是远大于 23），首选 RBF 内核。

我们用强大的数据分析库 pandas 处理 .xls 格式的 Excel 文件。该库的安装方法很简单，在终端运行命令 `pip install pandas` 即可。它也许还要求安装 xlrd 包，因为 pandas 的 Excel 模块依赖该包。

我们首先读取 Excel 文件中 Raw Data 工作簿的数据：

```
>>> import pandas as pd
>>> df = pd.read_excel('CTG.xls', "Raw Data")
```

接着，将 2126 个数据样本的特征（列 D 到 AL）和标签（列 AN）分别赋给 X 和 Y：

```
>>> X = df.ix[1:2126, 3:-2].values
>>> Y = df.ix[1:2126, -1].values
```

检查各类别的占比：

```
>>> Counter(Y)
Counter({1.0: 1655, 2.0: 295, 3.0: 176})
```

我们将原始数据的 20% 作为最终的测试集：

```
>>> from sklearn.model_selection import train_test_split
>>> X_train, X_test, Y_train, Y_test = train_test_split(X, Y,
                                       test_size=0.2, random_state=42)
```

调试 RBF 内核 SVM 模型，调试的参数有惩罚因子 C 和内核因子 γ：

```
>>> svc = SVC(kernel='rbf')
>>> parameters = {'C': (100, 1e3, 1e4, 1e5),
...               'gamma': (1e-08, 1e-7, 1e-6, 1e-5)}
>>> grid_search = GridSearchCV(svc, parameters, n_jobs=-1, cv=3)
>>> start_time = timeit.default_timer()
>>> grid_search.fit(X_train, Y_train)
>>> print("--- %0.3fs seconds ---" %
                       (timeit.default_timer() - start_time))
--- 6.044s seconds ---
>>> grid_search.best_params_
{'C': 100000.0, 'gamma': 1e-07}
>>> grid_search.best_score_
0.942352941176
>>> svc_best = grid_search.best_estimator_
```

最后，用最优模型为测试集分类：

```
>>> accuracy = svc_best.score(X_test, Y_test)
>>> print('The accuracy on testing set is:
                            {0:.1f}%'.format(accuracy*100))
The accuracy on testing set is: 96.5%
```

数据集各类别的数量不太均衡，所以还要检查模型对每个类别的分类性能：

```
>>> prediction = svc_best.predict(X_test)
>>> report = classification_report(Y_test, prediction)
>>> print(report)
             precision    recall   f1-score   support
        1.0       0.98      0.98       0.98       333
        2.0       0.89      0.91       0.90        64
        3.0       0.96      0.93       0.95        29
avg / total       0.96      0.96       0.96       426
```

4.5 小结

本章首先介绍了一种高级的特征抽取技术——词频-逆文档频率，该技术扩展了我们的文本特征抽取知识。接着，本章继续了我们的新闻数据分类之旅，这次使用的是 SVM 分类器。我们掌握了 SVM 的原理、内核技术、SVM 的实现方法和机器学习分类的其他重要概念，其中包括多分类策略、网格搜索和 SVM 的使用技巧（比如，内核选取和调参）。最后，我们将本章所学内容应用到新闻话题分类和胎儿状态分类两个实例中。

至此，我们已学习和使用了朴素贝叶斯和 SVM 两种分类算法。朴素贝叶斯算法很简单。对于特征相互独立的数据集，朴素贝叶斯通常效果很好。SVM 广泛用于为线性可分的数据分类。通常，选用恰当的内核等参数，SVM 就能取得很高的正确率，但计算开销和内存消耗也许会很大。对于文本分类问题，因为文本数据通常是线性可分的，所以线性内核 SVM 和朴素贝叶斯两者的性能往往不相上下。在实际应用中，这两种方法我们都可以拿来试试，最终选取参数最优的情况下效果更好的算法。

第 5 章
用基于树的算法预测点击率

在本章和下一章中，我们将解决数字在线广告领域的一个重要的机器学习问题——点击率预测，即给定用户和他们正在访问的网页，预测他们有多大可能性点击给定广告。在本章，我们重点学习基于树的算法、决策树和随机森林，并利用它们解决关乎数十亿美元收入的问题。

在本章中，我们将深入讲解以下主题。

- 在线广告点击率简介。

- 两类特征：数值型和类别型。

- 决策树分类器。

- 决策树的原理。

- 决策树的构造。

- 决策树的实现。

- 用决策树预测点击率。

- 随机森林。

- 随机森林的原理。

- 用随机森林预测点击率。

- 调试随机森林模型。

5.1　广告点击率预测简介

在线投放广告是数十亿美元的产业。在线广告形式多样，包括由文本、图像、动画和音视频等富媒体组成的横栏广告。广告主或广告代理机构在互联网上的多个网站以及移动应用端投放广告，以影响潜在顾客，传达广告信息。

在线投放广告是利用机器学习的绝佳例子。显然，广告主希望广告精确投放给顾客，因为顾客只爱看投放精确的广告。该行业主要利用机器学习模型的能力来预测广告的命中效果：特定年龄段的用户对产品感兴趣的可能性有多大；家庭收入处于某一水平的顾客，看到广告后有多大可能性购买产品；频繁访问体育网站的访客有多大可能性花更多时间阅读广告等。命中效果最常用的度量指标是点击率（Click-Through Rate，CTR），它是某一广告的点击数占总浏览数的比例。一般而言，在线营销活动，其广告的点击率越高，广告越精确，所宣传的活动就越成功。

点击率预测，既为机器学习开辟了广阔的应用前景，也为它带来了很多挑战。该任务主要是一个二值分类问题，用以下 3 个方面的具有预测意义的特征，预测给定网页（或移动应用）的给定广告是否会被给定用户点击：

- 广告内容和信息（类型、位置、文本和格式等）；

- 网页内容和内容发布者的相关信息（类型、语境和领域等）；

- 用户信息（年龄、性别、位置、收入、兴趣、搜索历史、浏览历史和设备等）。

假如我们是一家广告代理机构，负责为许多广告主投放广告，我们的任务是为目标用户展示恰当的广告。我们手头的数据集（一小部分数据如图 5-1 所示，实际数据中具有预测意义的特征很可能有成千上万个）收罗了上个月数以百万计广告投放活动的记录，我们需要开发一种分类模型，学习和预测日后在不同位置投放的广告的效果。

5.2　两种不同类型的数据：数值型和类别型

观察图 5-1 所示的数据集，我们发现它的特征是**类别型**（categorical），例如，我们可看到以下特征值：male（男性）还是 female（女性）；4 个年龄段中的某一个；预先定义好的网站类型中的某一种；是否对体育活动感兴趣。这些类型的数据不同于我们一直在处理的**数值型**（numerical）特征。

Ad category	Site category	Site domain	User age	User gender	User occupation	Interested in sports	Interested in tech	Click
Auto	News	cnn.com	25-34	M	Professional	True	True	1
Fashion	News	bbc.com	35-54	F	Professional	False	False	0
Auto	Edu	onlinestudy.com	17-24	F	Student	True	True	0
Food	Entertainment	movie.com	25-34	M	Clerk	True	False	1
Fashion	Sports	football.com	55+	M	Retired	True	False	0
…	…	…	…	…	…	…	…	…
…	…	…	…	…	…	…	…	…

Food	News	abc.com	17-24	M	Student	True	True	?
Auto	Entertainment	movie.com	35-54	F	Professional	True	False	?

图 5-1　广告点击率数据集示例

类别型（亦称定性）特征表示不同的特点、分组和一组数量有限的选项。类别性特征也许有、也有可能没有逻辑顺序。例如，家庭收入，从低、中等到高收入，是**序数型**（ordinal）特征，而广告的类别不是序数型。数值型（亦称定量）特征作为测量结果，具有数学意义，当然也有次序方面的意义。例如，词频及其变体词频-逆文档频率分别是离散和连续型数值特征；胎心宫缩监护数据集，包含离散（比如每秒的加速数、每秒胎儿的运动次数）和连续型（比如，长期变异的均值）数值特征。

类别型特征也可以取自数值型特征。例如，1 到 12 表示一年之中的月份，1 和 0 表示男性和女性。这些数值不具有数学方面的意义。

我们之前学习的两类分类算法——朴素贝叶斯和 SVM，朴素贝叶斯分类器可处理数值型和类别型特征，似然 $P(x|y)$ 或 $P(特征|类)$ 的计算方法相同，而 SVM 要计算间隔，特征需是数值型。

现在，如果我们思考用朴素贝叶斯预测是否点击广告，并尝试向广告主解释我们构建的模型，那么客户很难理解单个属性（特征）的先验概率及它们的乘积。有没有一种易于向客户解释且能处理类别型数据的分类器呢？

决策树！

5.3 决策树分类器

决策树是一种树形图、一种序列化图表，描述所有可能的决策及其结果。从树的根部起，每个内部节点表示决策的依据；一个节点的每条支，表示一种如何导出接下来的节点的选择；每个终端节点，也就是叶子节点，表示生成的结果。

例如，图 5-2 描述的是我们刚刚做出了一系列决策，并最终决定学习决策树，以解决广告点击率预测问题的决策过程。

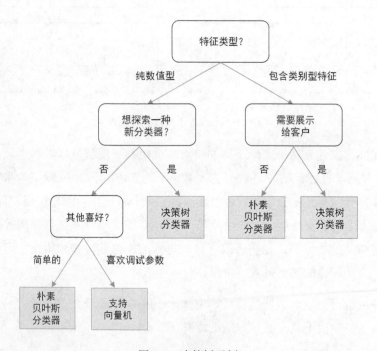

图 5-2　决策树示例

决策树分类器工作方式同决策树。它通过一系列的测试（内部节点所表示的），根据特征值和相应的条件（支所表示的），将观测结果映射为类别（叶子节点所表示的）。在每个节点处，询问有关特征的取值和特点的问题；根据对问题的作答情况，观测结果被划分为不同的子集。顺序执行一系列测试，直到得到观测结果的目标类别。从根节点到叶子节点的路径表示决策过程，也就是分类规则。

图 5-3 展示的是一种在很大程度上简化了的场景：我们想预测用户是否点击某一自动驾驶汽车的广告，我们亲自构造了能够处理现有数据集的决策树分类器。例如，如果用户对技术感兴趣，并且他们有车，那么他们倾向于点击该广告；该子集之外的用户，如果她是高收入的女性，那么她有很大可能不点击广告。然后，我们用学习到的树，预测两条新输入的数据，预测结果分别是点击和不点击。

用户性别	年收入	有车	对技术感兴趣	点击
男	200 000	是	是	1
女	5 000	否	否	0
女	100 000	是	是	1
男	10 000	是	否	0
男	80 000	否	否	0
……	……	……	……	……
……	……	……	……	……

| 男 | 120 000 | 是 | 是 | ? |
| 女 | 70 000 | 否 | 是 | ? |

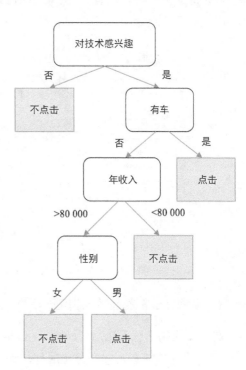

图 5-3　用决策树预测新样本

构造好一棵决策树之后，为新样本分类就变得很直观，如图 5-3 所示。从根节点开始，应用测试条件，选择相应的分支，直到到达叶子节点，将叶子节点对应的类别标签赋给新样本即可。

那么，我们怎样构造一棵合适的决策树呢？

5.3.1　构造决策树

划分训练样本，并将其分到一系列子集之中以构造决策树。划分过程是以递归的方式在每个子集上重复操作的。每个节点的每次划分，都要根据子集的某个特征值执行条件测试。当子集拥有共同的类别标签或进一步划分无法提升子集的类别纯度时，该节点的递归划分操作终止。

理论上讲，有 n 个不同取值的特征（数值或类别型），就有 n 种不同的二分方法（根据条件测试是否满足条件），更不用说其他的划分方法，如图 5-4 所示。不考虑特征划分的顺序，对于 m 维的数据集，已有 n^m 棵可能的树。

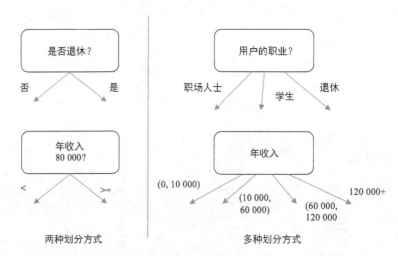

图 5-4　按某个特征值划分样本的方法：二分法和多分法

目前，多种算法都能高效地构造一棵精确的决策树。常见的算法如下。

- **迭代二叉树 3 代**（Iterative Dichotomiser 3，ID3）：在每轮迭代中，以自上而下的方式进行贪婪搜索，选择最优属性，划分数据集。

- **C4.5**：通过引入回溯方法来改进 ID3 算法。遍历构造的决策树，如果纯度能提升，则用叶子节点替换分支。

- **分类和回归树**（Classification and Regression Tree，CART）：我们稍后将详细讨论。

- **卡方自动交互检测**（Chi-squared Automatic Interaction Detector，CHAID）：该算法常用于直销（direct marketing）行业。它涉及的统计学概念很复杂，但基本而言，它以最优的方式，整合具备预测意义的变量，以充分解释划分的结果。

这些算法的基本思想是：在选取划分数据的最显著特征时，做一系列的局部最优化，贪婪地构造一棵树。然后，根据所选取特征的最优值来划分数据集。在下节，我们将讨论特征是否显著，并度量某特征值是否是划分数据集的最优特征值。

我们现在就来研究 CART 算法的细节，并实现该算法。它可以算是最著名的决策树算法了。该算法将每个节点划分为左右两个子节点来构造决策树。在每次划分中，它都贪婪地搜索最显著的特征组合及特征值，用度量函数测试所有不同的可能的组合。然后以选定的特征及特征值作为划分点，按如下方式划分数据。

- 具有相同特征值（类别型特征）或特征值比划分点特征值大的（数值型特征）样本，被分到右子节点。

- 将剩余样本分到左节点。

重复执行上述划分过程，以递归的方式将输入的样本分成两个子组。当各组不再包含其他组的样本时，且以下两个条件任意一个满足时，子组停止划分。

- **生成新节点的最小样本量**：样本量不大于进一步划分所要求的最小样本量时，停止划分，防止生成的树在训练集上裁剪过度，导致过拟合。

- **树的最大深度**：当树的深度，也就是从树的根节点自上而下划分的数量，不小于树的最大深度时，节点停止生长。树越深，对训练集的针对性就越强，从而导致过拟合。

无分支的节点成为叶子节点，该节点的样本大多数属于哪个类别，就以哪个类别作为预测结果。一旦所有划分过程结束之后，决策树构造完毕，它是用终止节点被分配的类别标签和前面内部节点的划分点（特征+特征值）的信息来描绘的。

学习完选取最优划分特征和特征值的度量标准之后，我们将从头实现 CART 决策树算法。

5.3.2 度量划分的标准

选取最优特征和特征值组合作为划分点时，可用**基尼不纯度**（Gini impurity）和信息增益（information gain）两个标准来度量划分的质量。

顾名思义，基尼不纯度度量的是类别不纯度，也就是类别的混合程度。一个包含 K 个类别的数据集，假如该数据集中类别为 $k(1 \leqslant k \leqslant K)$ 的样本的占比为 $f_k(0 \leqslant f_k \leqslant 1)$，那么，该数据集的基尼不纯度为：

$$1 - \sum_{k=1}^{K} f_k^2$$

基尼不纯度较低，表明数据集较纯净。例如，数据集仅包含 1 个类，该类样本的占比为 100%，其他类的占比为 0。那么，该数据集的基尼不纯度为 $1-(1^2+0^2)=0$。再举个例子，假如我们有一个很大的硬币投掷结果的数据集，正面朝上和反面朝上的次数恰好相等。那么，该数据集的基尼不纯度为 $1-(0.5^2+0.5^2)=0.5$。在二值分类中，正类的占比会引起基尼不纯度的变化，可用如下代码将其可视化。首先导入所需的库：

```
>>> import matplotlib.pyplot as plt
>>> import numpy as np
```

正类的占比，其取值范围为 0～1：

```
>>> pos_fraction = np.linspace(0.00, 1.00, 1000)
```

计算正类不同占比对应的基尼不纯度。然后，绘制正类占比与基尼不纯度之间的关系图，如图 5-5 所示。

```
>>> gini = 1 - pos_fraction**2 - (1-pos_fraction)**2
>>> plt.plot(pos_fraction, gini)
>>> plt.ylim(0, 1)
>>> plt.xlabel('Positive fraction')
>>> plt.ylabel('Gini Impurity')
>>> plt.show()
```

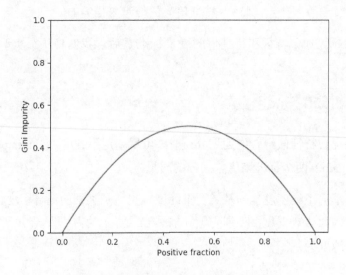

图 5-5 正类占比与基尼不纯度关系图

我们可实现这样一个函数，它以数据集的标签为参数，输出该数据集的基尼不纯度：

```
>>> def gini_impurity(labels):
...     # When the set is empty, it is also pure
...     if not labels:
...         return 0
...     # Count the occurrences of each label
...     counts = np.unique(labels, return_counts=True)[1]
...     fractions = counts / float(len(labels))
...     return 1 - np.sum(fractions ** 2)
```

用以下例子验证该函数：

```
>>> print('{0:.4f}'.format(gini_impurity([1, 1, 0, 1, 0])))
0.4800
>>> print('{0:.4f}'.format(gini_impurity([1, 1, 0, 1, 0, 0])))
0.5000
>>> print('{0:.4f}'.format(gini_impurity([1, 1, 1, 1])))
0.0000
```

要评估某次划分的质量，我们只需对划分后得到的所有子组的基尼不纯度求加权和即可，其中权值为子组的占比。基尼不纯度的加权和越小，划分效果越好。

我们来看下面这个自动驾驶汽车广告的例子。我们分别根据用户的性别和他们对技术是否感兴趣来划分数据集，如图 5-6 所示。

用户性别	对技术感兴趣	点击	按性别分组
男	是	1	1组
女	否	0	2组
女	是	1	2组
男	否	0	1组
男	否	1	1组

第一种按性别划分

用户性别	对技术感兴趣	点击	按技术分组
男	是	1	1组
女	否	0	2组
女	是	1	1组
男	否	0	2组
男	否	1	2组

第二种按是否对技术感兴趣划分

图 5-6　按性别和兴趣划分数据集

第一种划分，基尼不纯度的加权和，计算方式如下：

$$\#1基尼不纯度 = \frac{3}{5} \times \left\{ 1 - \left[\left(\frac{2}{3}\right)^2 + \left(\frac{1}{3}\right)^2 \right] \right\} + \frac{2}{5} \times \left\{ 1 - \left[\left(\frac{1}{2}\right)^2 + \left(\frac{1}{2}\right)^2 \right] \right\} = 0.467$$

第二种划分，基尼不纯度的加权和，计算方式如下：

$$\#2\ 基尼不纯度 = \frac{2}{5} \times \left[1 - \left(1^2 + 0^2 \right) \right] + \frac{3}{5} \times \left\{ 1 - \left[\left(\frac{1}{3} \right)^2 + \left(+\frac{2}{3} \right)^2 \right] \right\} = 0.267$$

因此，根据用户是否对技术感兴趣划分优于根据性别划分。

另一种度量标准——信息增益，度量的是划分后纯净度的提升，换言之，划分所减少的不确定性。信息增益越高，表示划分效果较好。我们通过比较划分前后熵的变化，可得到信息增益。

熵（entropy）是以概率度量不确定性。给定包含 K 个类别的数据集，$f_k \left(0 \leqslant f_k \leqslant 1 \right)$ 表示类别 $k \left(1 \leqslant k \leqslant K \right)$ 在数据集中的占比，数据集的熵定义如下：

$$熵 = -\sum_{k=1}^{K} f_k * \log_2 f_k$$

熵越小，表示数据集越纯净，模糊性越小。在数据集仅包含一个类别的最理想情况下，熵为 $-\left(1 \times \log_2 1 + 0 \right) = 0$。再来看前面抛硬币的例子，其熵为 $-\left(0.5 \times \log_2 0.5 + 0.5 \times \log_2 0.5 \right) = 1$。

类似地，我们也可以用如下代码来绘制在二值分类中，正类的占比与熵之间的关系图，如图 5-7 所示。

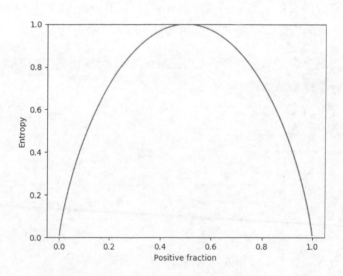

图 5-7　正类占比与熵的关系图

```
>>> pos_fraction = np.linspace(0.00, 1.00, 1000)
>>> ent = - (pos_fraction * np.log2(pos_fraction) +
          (1 - pos_fraction) * np.log2(1 - pos_fraction))
>>> plt.plot(pos_fraction, ent)
```

```
>>> plt.xlabel('Positive fraction')
>>> plt.ylabel('Entropy')
>>> plt.ylim(0, 1)
>>> plt.show()
```

我们实现一个函数，此函数以数据集的标签为输入，输出为数据集的熵：

```
>>> def entropy(labels):
...     if not labels:
...         return 0
...     counts = np.unique(labels, return_counts=True)[1]
...     fractions = counts / float(len(labels))
...     return - np.sum(fractions * np.log2(fractions))
```

既已完全理解熵，我们现在可接着探究信息增益这一概念，它度量的是划分后减少了多少不确定性。它用划分前（父节点）后（子节点）熵的差值来定义：

$$信息增益 = 熵（划分前）- 熵（划分后）$$
$$= 熵（父节点）- 熵（子节点）$$

一次划分之后的熵等于每个子节点熵的加权和，计算方法类似于求基尼不纯度的加权和。

在构造决策树、选择节点的过程中，我们的目标是寻找能获得最大信息增益的划分点。因为父节点的熵保持不变，我们只需度量划分后得到的子节点的熵，使得子节点的熵的较小的划分更为理想。

为了更好地理解以上内容我们再次来看下自动驾驶汽车广告的例子。

对于第一种划分方法，划分之后熵的计算如下：

$$\#1 \ 熵 = \frac{3}{5} \times \left[-\left(\frac{2}{3} \times \log_2 \frac{2}{3} + \frac{1}{3} \times \log_2 \frac{1}{3} \right) \right] + \frac{2}{5} \times \left[-\left(\frac{1}{2} \times \log_2 \frac{1}{2} + \frac{1}{2} \times \log_2 \frac{1}{2} \right) \right] = 0.951$$

第二种划分方法，熵的计算如下：

$$\#2 \ 熵 = \frac{2}{5} \times [-(1 \times \log_2 1 + 0)] + \frac{3}{5} \times \left[-\left(\frac{1}{3} \times \log_2 \frac{1}{3} + \frac{2}{3} \times \log_2 \frac{2}{3} \right) \right] = 0.551$$

我们还可以计算它们的信息增益，进一步探索数据：

$$之前的熵 = -\left(\frac{3}{5} \times \log_2 \frac{2}{3} + \frac{2}{5} \times \log_2 \frac{2}{5} \right) = 0.971$$

$$\#1\,信息增益=0.971-0.951=0.020$$
$$\#2\,信息增益=0.971-0.551=0.420$$

根据信息增益/熵的评估标准，第二种划分方法更好，与以基尼不纯度作为度量标准得到的结论相同。

一般而言，这两种度量标准，无论选用哪种，对训练得到的决策树的影响都较小。它们都是对划分后子节点的不纯度加权和的度量。我们可将不纯度加权和的两种计算方法封装成一个函数：

```
>>> criterion_function = {'gini': gini_impurity,
                          'entropy': entropy}
>>> def weighted_impurity(groups, criterion='gini'):
...     """ Calculate weighted impurity of children after a split
...     Args:
...         groups (list of children, and a child consists a list
                                        of class labels)
...         criterion (metric to measure the quality of a split,
                    'gini' for Gini Impurity or 'entropy' for
                    Information Gain)
...     Returns:
...         float, weighted impurity
...     """
...     total = sum(len(group) for group in groups)
...     weighted_sum = 0.0
...     for group in groups:
...         weighted_sum += len(group) / float(total)
                        * criterion_function[criterion](group)
...     return weighted_sum
```

用我们刚刚手动计算过的例子来测试该函数：

```
>>> children_1 = [[1, 0, 1], [0, 1]]
>>> children_2 = [[1, 1], [0, 0, 1]]
>>> print('Entropy of #1 split:
        {0:.4f}'.format(weighted_impurity(children_1, 'entropy')))
Entropy of #1 split: 0.9510
>>> print('Entropy of #2 split:
        {0:.4f}'.format(weighted_impurity(children_2, 'entropy')))
Entropy of #2 split: 0.5510
```

5.3.3 实现决策树

在扎实地理解度量划分效果的标准之后，让我们一起用模拟的数据集来手动实现 CART 树算法吧，模拟数据集如表 5-1 所示。

表 5-1 模拟的数据集

用户兴趣	职业	点击
技术	职场人士	1
时尚	学生	0
时尚	职场人士	0
运动	学生	0
技术	学生	1
技术	已退休	0
运动	职场人士	1

首先，我们尝试这两个特征所有可能的取值，找出第一个划分点，也就是确定根节点。我们用前面刚刚定义的 weighted_impurity 函数，计算每一对特征和特征值组合的基尼不纯度加权和：

Gini(兴趣，技术) = weighted_impurity([[1, 1, 0], [0, 0, 0, 1]]) = 0.405

Gini(兴趣，时尚) = weighted_impurity([[0, 0], [1, 0, 1, 0, 1]]) = 0.343

Gini(兴趣，运动) = weighted_impurity([[0, 1], [1, 0, 0, 1, 0]]) = 0.486

Gini(职业，职场人士) = weighted_impurity([[0, 0, 1, 0], [1, 0, 1]]) = 0.405

Gini(职业，学生) = weighted_impurity([[0, 0, 1, 0], [1, 0, 1]]) = 0.405

Gini(职业，已退休) = weighted_impurity([[1, 0, 0, 0, 1, 1], [1]]) = 0.429

由上可见，根节点为（兴趣，时尚）这一对特征和特征值组合。我们现在可以构造决策树的第一层了，如图 5-8 所示。

如果我们可以接受决策树只有一层，那现在就可以为右分支分配标签 0，为左分支分

配出现次数最多的标签 1 了。当然,我们也可以沿着这条路走下去,为左分支构造第二层
分支(右分支无法再次划分):

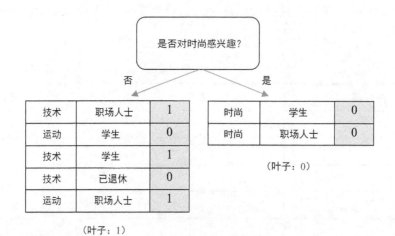

图 5-8　构造决策树的第一层

Gini(兴趣,技术) = weighted_impurity([[0, 1], [1, 1, 0]]) = 0.467

Gini(兴趣,运动) = weighted_impurity([[1, 1, 0], [0, 1]]) = 0.467

Gini(职业,职场人士) = weighted_impurity([[0, 1, 0], [1, 1]]) = 0.267

Gini(职业,学生) = weighted_impurity([[1, 0, 1], [0, 1]]) = 0.467

Gini(职业,已退休) = weighted_impurity([[1, 0, 1, 1], [0]]) = 0.300

如上所示,(职业,职场人士)的基尼不纯度加权和最小,我们以它为第 2 个划分点,
构造决策树的第二层,如图 5-9 所示。

只要决策树不超过最大深度,且节点包含足够多的样本,我们就可以重复以上划分
过程。

弄清楚决策树的构造过程之后,我们编写代码实现该算法。

首先实现确立最优划分点的标准,划分后产生的两个子节点的不纯度加权和的计算方
法跟前面介绍的相同,但基尼不纯度和熵这两个度量标准的计算方法较之前稍有不同,为
了提高计算效率我们改用 numpy 数组来实现:

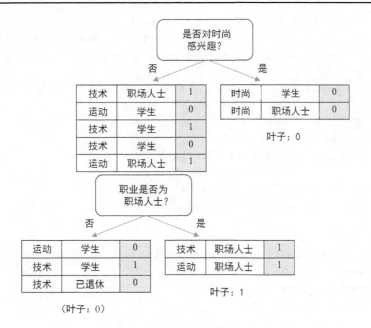

图 5-9　构造决策树的第二层

```
>>> def gini_impurity(labels):
...     # When the set is empty, it is also pure
...     if labels.size == 0:
...         return 0
...     # Count the occurrences of each label
...     counts = np.unique(labels, return_counts=True)[1]
...     fractions = counts / float(len(labels))
...     return 1 - np.sum(fractions ** 2)
>>> def entropy(labels):
...     # When the set is empty, it is also pure
...     if labels.size == 0:
...         return 0
...     counts = np.unique(labels, return_counts=True)[1]
...     fractions = counts / float(len(labels))
...     return - np.sum(fractions * np.log2(fractions))
```

接着，我们定义一个功能函数，该函数根据一对特征和特征值的组合，将一个节点划分为左右子节点：

```
>>> def split_node(X, y, index, value):
...     """ Split data set X, y based on a feature and a value
...     Args:
```

```
...         X, y (numpy.ndarray, data set)
...         index (int, index of the feature used for splitting)
...         value (value of the feature used for splitting)
...     Returns:
...         list, list: left and right child, a child is in the
...                         format of [X, y]
...     """
...     x_index = X[:, index]
...     # if this feature is numerical
...     if X[0, index].dtype.kind in ['i', 'f']:
...         mask = x_index >= value
...     # if this feature is categorical
...     else:
...         mask = x_index == value
...     # split into left and right child
...     left = [X[~mask, :], y[~mask]]
...     right = [X[mask, :], y[mask]]
...     return left, right
```

请注意，在上述代码中，我们检测了特征是数值型还是类别型，并根据不同的标准，将数据划分到左右子节点。

实现了度量划分质量和执行划分操作的函数后，我们现在就来定义贪婪搜索函数。该函数尝试所有可能的划分方式，返回给定选择标准下最优的划分点及划分后得到的子节点：

```
>>> def get_best_split(X, y, criterion):
...     """ Obtain the best splitting point and resulting children
...         for the data set X, y
...     Args:
...         X, y (numpy.ndarray, data set)
...         criterion (gini or entropy)
...     Returns:
...         dict {index: index of the feature, value: feature
...                 value, children: left and right children}
...     """
...     best_index, best_value, best_score, children =
...                                         None, None, 1, None
...     for index in range(len(X[0])):
...         for value in np.sort(np.unique(X[:, index])):
...             groups = split_node(X, y, index, value)
...             impurity = weighted_impurity(
...                         [groups[0][1], groups[1][1]], criterion)
...             if impurity < best_score:
```

```
...                        best_index, best_value, best_score, children =
                                index, value, impurity, groups
...        return {'index': best_index, 'value': best_value,
                'children': children}
```

上述选择和划分的过程，以递归的方式作用于后续每个子节点。某个子节点只要满足一个停止条件，该节点的选择和划分过程就会结束，该节点就成为叶子节点。这时，样本是哪个标签的可能性大，就将哪个标签分配给这个叶子节点：

```
>>> def get_leaf(labels):
...        # Obtain the leaf as the majority of the labels
...        return np.bincount(labels).argmax()
```

最后，我们来实现一个递归函数，该函数按照如下步骤将以上几个函数串联在一起：

- 如果两个子节点有一个为空，则将当前节点作为叶子节点；

- 如果当前分支的深度超过所允许的最大深度，则将当前节点作为叶子节点；

- 如果当前节点所包含的样本量不够进一步划分所需要的样本量，则将当前节点作为叶子节点；

- 否则，按照最优划分点，进一步划分。

```
>>> def split(node, max_depth, min_size, depth, criterion):
...        """ Split children of a node to construct new nodes or
                assign them terminals
...        Args:
...            node (dict, with children info)
...            max_depth (int, maximal depth of the tree)
...            min_size (int, minimal samples required to further
                        split a child)
...            depth (int, current depth of the node)
...            criterion (gini or entropy)
...        """
...        left, right = node['children']
...        del (node['children'])
...        if left[1].size == 0:
...            node['right'] = get_leaf(right[1])
...            return
...        if right[1].size == 0:
...            node['left'] = get_leaf(left[1])
```

```
...          return
...      # Check if the current depth exceeds the maximal depth
...      if depth >= max_depth:
...          node['left'], node['right'] =
                             get_leaf(left[1]), get_leaf(right[1])
...          return
...      # Check if the left child has enough samples
...      if left[1].size <= min_size:
...          node['left'] = get_leaf(left[1])
...      else:
...          # It has enough samples, we further split it
...          result = get_best_split(left[0], left[1], criterion)
...          result_left, result_right = result['children']
...          if result_left[1].size == 0:
...              node['left'] = get_leaf(result_right[1])
...          elif result_right[1].size == 0:
...              node['left'] = get_leaf(result_left[1])
...          else:
...              node['left'] = result
...              split(node['left'], max_depth, min_size,
                                     depth + 1, criterion)
...      # Check if the right child has enough samples
...      if right[1].size <= min_size:
...          node['right'] = get_leaf(right[1])
...      else:
...          # It has enough samples, we further split it
...          result = get_best_split(right[0], right[1], criterion)
...          result_left, result_right = result['children']
...          if result_left[1].size == 0:
...              node['right'] = get_leaf(result_right[1])
...          elif result_right[1].size == 0:
...              node['right'] = get_leaf(result_left[1])
...          else:
...              node['right'] = result
...              split(node['right'], max_depth, min_size,
                                     depth + 1, criterion)
```

再来实现决策树构造过程的入口：

```
>>> def train_tree(X_train, y_train, max_depth, min_size,
                criterion='gini'):
...     """ Construction of a tree starts here
...     Args:
...         X_train, y_train (list, list, training data)
```

```
...             max_depth (int, maximal depth of the tree)
...             min_size (int, minimal samples required to further
...                         split a child)
...             criterion (gini or entropy)
...         """
...         X = np.array(X_train)
...         y = np.array(y_train)
...         root = get_best_split(X, y, criterion)
...         split(root, max_depth, min_size, 1, criterion)
...     return root
```

现在，我们用先前手动计算过的示例来测试实现效果：

```
>>> X_train = [['tech', 'professional'],
...            ['fashion', 'student'],
...            ['fashion', 'professional'],
...            ['sports', 'student'],
...            ['tech', 'student'],
...            ['tech', 'retired'],
...            ['sports', 'professional']]
>>> y_train = [1, 0, 0, 0, 1, 0, 1]
>>> tree = train_tree(X_train, y_train, 2, 2)
```

为了验证我们训练得到的决策树是否等同于我们手动构造的决策树，编写如下函数来展示该树：

```
>>> CONDITION = {'numerical': {'yes': '>=', 'no': '<'},
...              'categorical': {'yes': 'is', 'no': 'is not'}}
>>> def visualize_tree(node, depth=0):
...     if isinstance(node, dict):
...         if node['value'].dtype.kind in ['i', 'f']:
...             condition = CONDITION['numerical']
...         else:
...             condition = CONDITION['categorical']
...         print('{}|- X{} {} {}'.format(depth * ' ',
...             node['index'] + 1, condition['no'], node['value']))
...         if 'left' in node:
...             visualize_tree(node['left'], depth + 1)
...         print('{}|- X{} {} {}'.format(depth * ' ',
...             node['index'] + 1, condition['yes'], node['value']))
...         if 'right' in node:
...             visualize_tree(node['right'], depth + 1)
...     else:
```

```
...                print('{}[{}]'.format(depth * '  ', node))
>>> visualize_tree(tree)
 |- X1 is not fashion
 |- X2 is not professional
   [0]
 |- X2 is professional
   [1]
|- X1 is fashion
  [0]
```

我们可以用一组样本来测试决策树代码，这组样本的特征为数值类型：

```
>>> X_train_n = [[6, 7],
...              [2, 4],
...              [7, 2],
...              [3, 6],
...              [4, 7],
...              [5, 2],
...              [1, 6],
...              [2, 0],
...              [6, 3],
...              [4, 1]]
>>> y_train_n = [0, 0, 0, 0, 0, 1, 1, 1, 1, 1]
>>> tree = train_tree(X_train_n, y_train_n, 2, 2)
>>> visualize_tree(tree)
|- X2 < 4
  |- X1 < 7
    [1]
  |- X1 >= 7
    [0]
|- X2 >= 4
  |- X1 < 2
    [1]
  |- X1 >= 2
    [0]
```

我们手动从头开始实现了一棵决策树，从而对它有了更加深刻的理解。现在，我们可以尝试用 scikit-learn 库中开发好的决策树包来构造一棵决策树了：

```
>>> from sklearn.tree import DecisionTreeClassifier
>>> tree_sk = DecisionTreeClassifier(criterion='gini',
                                     max_depth=2, min_samples_split=2)
>>> tree_sk.fit(X_train_n, y_train_n)
```

我们用内置函数 export_graphviz 绘制刚刚实现的这棵树，代码如下[1]：

```
>>> export_graphviz(tree_sk, out_file='tree.dot',
        feature_names=['X1', 'X2'], impurity=False, filled=True,
        class_names=['0', '1'])
```

上述代码生成 tree.dot 文件。安装 GraphViz 软件后，在终端[2]运行 dot -Tpng tree.dot -o tree.png，可将其转换为 PNG 图像，如图 5-10 所示。

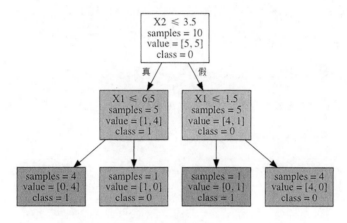

图 5-10　决策树可视化

用该方法生成的决策树，本质上与我们之前构造的决策树相同。

5.4　用决策树预测点击率

我们刚刚很透彻地学习并练习了决策树，看过几个例子之后，我们应该用决策树算法预测广告点击率。我们将使用 Kaggle 机器学习竞赛点击率预测用的一个数据集（在 Kaggle 官网中搜索关键词 click through rate prediction）。

现阶段，我们仅用训练文件[3]（在 Kaggle 官网搜索关键词 click through rate prediction，下载 train.gz 文件并解压）的 10 万个样本训练决策树，预测测试文件（下载 test.gz 文件并

---

① export_graphviz 方法前加上模块的名称 tree，tree.export_graphviz()。——译者注
② Windows 用户安装 GraphViz 后，请将 bin 的路径（比如 C:\Program Files (x86)\Graphviz2.38\bin）添加到系统环境变量中，以便直接使用 dot 命令。——译者注
③ 需先注册 Kaggle 网站。下载前要绑定手机号。国内手机号记得在手机号码前加+86。——译者注

解压）前 10 万个样本的点击情况。

该数据集各字段的说明如下。

- id：广告标识符，比如 1000009418151094273、10000169349117863715。

- click：0 表示未点击，1 表示点击。

- hour：格式为 YYMMDDHH，例如 14102100。

- C1：以匿名形式表示的类别型变量，比如 1005、1002。

- banner_pos：通栏广告的位置，取值有 1 和 0。

- site_id：网站标识符，比如 1fbe01fe、fe8cc448 和 d6137915。

- site_domain：网站域名的散列值，比如 bb1ef334、f3845767。

- site_category：网站类别的散列值，比如 28905ebd、28905ebd。

- app_id：移动应用标识符。

- app_domain。

- app_category。

- device_id：移动设备标识符。

- device_ip：IP 地址。

- device_model：比如 iPhone 6、三星，作了散列处理。

- device_type：比如平板电脑、智能手机，作了散列处理。

- device_conn_type：例如 Wi-Fi 或 3G，在数据集中，该项也是作了散列处理。

- C14～C21：以匿名形式表示的类别型变量。

我们运行命令 head train | sed 's/,,/,,,/g;s/,,/, ,/g' | column -s, -t，大致了解数据集长什么样：

```
id app_domain app_category device_id device_ip device_model device_type
device_conn_type C14 C15 C16 C17 C18 C19 C20  C21
1000009418151094273 0  14102100 1005 0    1fbe01fe f3845767  28905ebd
ecad2386 7801e8d9 07d7df22  a99f214a ddd2926e 44956a24  1    2     15706 320
```

```
50 1722 0 35 -1 79
10000169349117863715 0   14102100 1005 0   1fbe01fe f3845767   28905ebd
ecad2386 7801e8d9 07d7df22 a99f214a 96809ac8 711ee120  1   0     15704 320
50 1722 0 35 100084 79
10000371904215119486 0   14102100 1005 0   1fbe01fe f3845767   28905ebd
ecad2386 7801e8d9 07d7df22 a99f214a b3cf8def 8a4875bd  1   0     15704 320
50 1722 0 35 100084 79
10000640724480838376 0   14102100 1005 0   1fbe01fe f3845767   28905ebd
ecad2386 7801e8d9 07d7df22 a99f214a e8275b8f 6332421a  1   0     15706 320
50 1722 0 35 100084 79
10000679056417042096 0   14102100 1005 1   fe8cc448 9166c161   0569f928
ecad2386 7801e8d9 07d7df22 a99f214a 9644d0bf 779d90c2  1   0     18993 320
50 2161 0 35 -1 157
10000720757801103869 0   14102100 1005 0   d6137915 bb1ef334   f028772b
ecad2386 7801e8d9 07d7df22 a99f214a 05241af0 8a4875bd  1   0     16920 320
50 1899 0 431 100077 117
10000724729988544911 0  14102100 1005 0   8fda644b 25d4cfcd f028772b
ecad2386 7801e8d9 07d7df22 a99f214a b264c159 be6db1d7  1   0     20362 320
50 2333 0 39 -1  157
10000918755742328737 0   14102100 1005 1   e151e245 7e091613 f028772b
ecad2386 7801e8d9 07d7df22 a99f214a e6f67278 be74e6fe  1   0     20632 320
50 2374 3 39 -1  23
10000949271186029916 1  14102100 1005 0   1fbe01fe f3845767 28905ebd
ecad2386 7801e8d9 07d7df22 a99f214a 37e8da74 5db079b5  1   2     15707 320
50 1722 0 35 -1 79
```

不要被某些隐去真实名称和散列过的数据所吓倒。它们是类别型特征，每个可能的取值对应了一个真实、有意义的值，但要遵守隐私政策，所以用这两种形式来表示。也许 C1 指用户的性别，1005 和 1002 分别表示男性和女性。

首先，我们解决数据集的读取问题：

```
>>> import csv
>>> def read_ad_click_data(n, offset=0):
...     X_dict, y = [], []
...     with open('train', 'r') as csvfile:
...         reader = csv.DictReader(csvfile)
...         for i in range(offset):
...             reader.next()
...         i = 0
...         for row in reader:
...             i += 1
...             y.append(int(row['click']))
```

```
...                     del row['click'], row['id'], row['hour'],
                            row['device_id'], row['device_ip']
...                     X_dict.append(row)
...                     if i >= n:
...                             break
...             return X_dict, y
```

请注意，当前这个阶段，我们不考虑 id、hour、device_id 和 device_ip 这几个特征：

```
>>> n_max = 100000
>>> X_dict_train, y_train = read_ad_click_data('train', n_max)
>>> print(X_dict_train[0])
{'C21': '79', 'site_id': '1fbe01fe', 'app_id': 'ecad2386', 'C19':
'35', 'C18': '0', 'device_type': '1', 'C17': '1722', 'C15': '320',
'C14': '15706', 'C16': '50', 'device_conn_type': '2', 'C1':
'1005', 'app_category': '07d7df22', 'site_category': '28905ebd',
'app_domain': '7801e8d9', 'site_domain': 'f3845767', 'banner_pos':
'0', 'C20': '-1', 'device_model': '44956a24'}
>>> print(X_dict_train[1])
{'C21': '79', 'site_id': '1fbe01fe', 'app_id': 'ecad2386', 'C19':
'35', 'C18': '0', 'device_type': '1', 'C17': '1722', 'C15': '320',
'C14': '15704', 'C16': '50', 'device_conn_type': '0', 'C1':
'1005', 'app_category': '07d7df22', 'site_category': '28905ebd',
'app_domain': '7801e8d9', 'site_domain': 'f3845767', 'banner_pos':
'0', 'C20': '100084', 'device_model': '711ee120'}
```

接着，我们用 DictVectorizer 将这些字典对象（特征:值）转换为用**一位有效编码**表示的
向量。我们将在下章讨论一位有效编码。基本而言，它将有 k 个可能取值的一个类别型变
量转换为 k 个二值特征。例如，网站类别特征可能的取值有 3 个：news（新闻）、education
（教育）和 sports（教育），可以用 3 个二值特征 is_news、is_education 和 is_sports 来表示。
scikit-learn 库（当前版本是 0.18.1）基于树的算法只接收数值型特征，因此我们需要作这种
转换：

```
>>> from sklearn.feature_extraction import DictVectorizer
>>> dict_one_hot_encoder = DictVectorizer(sparse=False)
>>> X_train = dict_one_hot_encoder.fit_transform(X_dict_train)
>>> print(len(X_train[0]))
5725
```

我们将原有的 19 维类别型特征转换为 5725 维二值特征。

以类似的方式构造测试集：

```
>>> X_dict_test, y_test = read_ad_click_data(n, n)
>>> X_test = dict_one_hot_encoder.transform(X_dict_test)
>>> print(len(X_test[0]))
5725
```

接着，我们训练决策树模型，用之前所讲的网格搜索技术来寻找最优参数值。在下面代码中，我们仅展示了 max_depth 参数值的搜索方法，其他参数比如 min_samples_split 和 class_weight，最好也用该方法搜索最优参数值。请注意，度量分类的标准应使用 ROC 曲线下的面积 AUC，因为这是一个两类样本量不均衡的二值分类问题（10 万个训练样本，点击广告的只有 1.749 万个）。

```
>>> from sklearn.tree import DecisionTreeClassifier
>>> parameters = {'max_depth': [3, 10, None]}
>>> decision_tree = DecisionTreeClassifier(criterion='gini',
                                          min_samples_split=30)
>>> from sklearn.model_selection import GridSearchCV
>>> grid_search = GridSearchCV(decision_tree, parameters,
                              n_jobs=-1, cv=3, scoring='roc_auc')
>>> grid_search.fit(X_train, y_train)
>>> print(grid_search.best_params_)
{'max_depth': 10}
```

用参数值最优的模型来预测之前未观测到的样本：

```
>>> decision_tree_best = grid_search.best_estimator_
>>> pos_prob = decision_tree_best.predict_proba(X_test)[:, 1]
>>> from sklearn.metrics import roc_auc_score
>>> print('The ROC AUC on testing set is:
                {0:.3f}'.format(roc_auc_score(y_test, pos_prob)))
The ROC AUC on testing set is: 0.692
```

我们用最优决策树模型得到的 AUC 值为 0.69。虽看似不完美，但广告点击涉及许多微妙的与人相关的因素，很难预测。

回顾之前所讲的，决策树是一系列的贪婪搜索，每一步都根据训练集来寻找最优划分点。然而，这往往会引起过拟合问题，因为最优划分点也许只适合训练集。幸运的是，随机森林技术可解决该问题，它提供了一种性能更好的树模型。

5.5 随机森林——决策树的特征装袋技术

装袋（bagging，表示 bootstrap aggregating）这种集成技术，我们在第 1 章简要提过，可有效克服过拟合问题。我们一起回顾下，不同的训练样本子集是有放回地随机从原始训练集中采样得到的；用每个训练样本子集来训练一个单独的分类模型。在这些单独的分类模型得到的结果中，哪个类别占多数，就以它作为分类结果。

用装袋这种技术生成的多棵决策树（tree bagging），如前所述，可降低决策树模型所面临的方差较大的问题，因此，一般而言，它的性能比单棵树要好。然而，某些情况下，一个或多个特征会非常显著，大部分决策树是基于这些特征生成的，因此它们高度相关。集成多棵高度相关的决策树，性能不会有多大提升。为了保证各棵树不相关，随机森林在每个节点搜索最优划分点时，只考虑随机选取的特征子集。使用不同的特征子集来训练多棵决策树，以保证多样性，从而提升性能。随机森林是 tree bagging 模型的一种变体，它应用了**特征装袋技术**（feature-based bagging）。

我们用 scikit-learn 库提供的包，将随机森林部署到点击率预测项目中。类似于前面实现决策树的方式，我们仅调试 max_depth 参数：

```
>>> from sklearn.ensemble import RandomForestClassifier
>>> random_forest = RandomForestClassifier(n_estimators=100,
               criterion='gini', min_samples_split=30, n_jobs=-1)
>>> grid_search = GridSearchCV(random_forest, parameters,
                             n_jobs=-1, cv=3, scoring='roc_auc')
>>> grid_search.fit(X_train, y_train)
>>> print(grid_search.best_params_)
{'max_depth': None}
```

模型 max_depth 的参数值使用网格搜索找到的 None（扩展节点直到满足停止条件）。我们用参数值最优的模型来预测未见到的样本：

```
>>> random_forest_best = grid_search.best_estimator_
>>> pos_prob = random_forest_best.predict_proba(X_test)[:, 1]
>>> print('The ROC AUC on testing set is:
    {0:.3f}'.format(roc_auc_score(y_test, pos_prob)))
The ROC AUC on testing set is: 0.724
```

结果表明，随机森林模型性能有所提升。

虽然我们只拿参数 max_depth 作为例子演示如何调参，但还有 3 个重要参数，我们也可以调试它们，以提升随机森林模型的性能，这 3 个参数如下所示。

- max_features：每次搜索最优划分点时考虑的特征数量。通常而言，对于 m 维数据集，max_features 值的建议取 $\sqrt{m}$（四舍五入）。在 scikit-learn 中，该参数值的指定方法是 max_features="sqrt"。其他参数值有 "log2"，表示考虑原始特征的 20%~50%。

- n_estimators：创建决策树的数量。一般而言，决策树越多，性能越好，但计算时间也会越长。通常取 100、200 或 500 等。

- min_samples_split：进一步划分一个节点所需的最小样本量。该参数若使用过小的值，往往会导致过拟合，而值太大很可能带来欠拟合问题。也许一开始将其设置为 10、30 或 50 比较合适。

5.6 小结

在本章中，我们先介绍了一个典型的机器学习问题——在线广告点击率预测，它的难点包括类别型特征的处理问题。然后，我们决定用基于树的算法解决该问题，该类算法可接收数值型和类别型特征。紧接着，我们又深入讨论了决策树算法，包含它的原理、类型、构造方法以及基尼不纯度和熵这两种度量树节点划分质量的标准，我们举例说明了如何手动构造一棵树，并从头实现了相应的算法。我们还学习了 scikit-learn 库的决策树包的用法，并用其预测点击率。我们接着用基于特征装袋算法的随机森林来提升模型的性能。本章最后介绍了随机森林模型的调试技巧。

多加练习对于磨炼技能大有裨益。同一领域另一个非常不错的项目是 CriteoLabs 实验室的广告投放竞赛（Display Advertising Challenge）。数据集和项目介绍详见 Kaggle 官网。你用前 10 万个样本训练和精心调试的决策树或随机森林模型，在随后的 10 万个样本上所取得的最高 AUC 值是多少？

第 6 章
用对率回归预测点击率

在本章中，我们将继续解决产值高达数十亿美元的广告点击率预测问题。我们重点学习数据预处理技巧、一位有效编码、对率回归[1]算法及正则化方法，我们还将改造对率回归算法以应用于大型数据集。我们不仅用对率回归算法分类，还将讨论如何用它选择显著的特征。

在本章中，我们将深入讲解以下主题。

- 一位有效编码。

- 对率函数。

- 对率回归的原理。

- 梯度下降和随机梯度下降。

- 对率回归分类器的训练。

- 对率回归的实现方法。

- 用对率回归预测点击率。

- 对率回归的 L1 和 L2 正则化。

- 用对率回归选择特征。

- 线上学习。

- 另一种选择特征的方法：随机森林。

---

① logistic regression，多采用音译，比如译作逻辑回归等，本书采用意译，译为对数几率回归，简称对率回归。logistic function 译为对率函数。——译者注

6.1　一位有效编码——将类别型特征转换为数值型特征

在第 5 章中，我们简单介绍了**一位有效编码**，该方法将类别型特征（categorical feature）转换为数值型特征（numerical feature），以便正常使用 scikit-learn 库中基于树的算法。对于只接收数值型特征的其他算法，如果我们能采用该技术来转换特征，那么，我们也可以使用这些不是基于树的算法了。

一个类别型特征，若有 k 个可能的取值，我们能想到的最简单的转换方法是，将每个特征值对应到 1 到 k 之间的某个数值。例如，[Tech, Fashion, Fashion, Sports, Tech, Tech, Sports] 可转换为[1, 2, 2, 3, 1, 1, 3]。然而，这将会给特征值强加一种序数特性和距离属性，比如转换后，Sports 比 Tech 要大；而对于 Fashion 和 Tech，Sports 离 Fashion 更近。

一位有效编码则将类别型特征转换为 k 个二值特征。每个二值特征表示相应位置的可能的特征值是否存在。用该方法，前面的示例可表示为图 6-1 所示。

用户兴趣	技术	时尚	运动
Tech	1	0	0
Fashion	0	1	0
Fashion	0	1	0
Sports	0	0	1
Tech	1	0	0
Tech	1	0	0
Sports	0	0	1

图 6-1　一位有效编码

在第 5 章中，我们已了解了 scikit-learn 库提供的 DictVectorizer 可高效地将字典对象（类别特征：特征值）转换为用一位有效编码表示的向量。例如：

```
>>> from sklearn.feature_extraction import DictVectorizer
>>> X_dict = [{'interest': 'tech', 'occupation': 'professional'},
...           {'interest': 'fashion', 'occupation': 'student'},
...           {'interest': 'fashion','occupation':'professional'},
...           {'interest': 'sports', 'occupation': 'student'},
...           {'interest': 'tech', 'occupation': 'student'},
...           {'interest': 'tech', 'occupation': 'retired'},
...           {'interest': 'sports','occupation': 'professional'}]
>>> dict_one_hot_encoder = DictVectorizer(sparse=False)
>>> X_encoded = dict_one_hot_encoder.fit_transform(X_dict)
>>> print(X_encoded
[[ 0. 0. 1. 1. 0. 0.]
 [ 1. 0. 0. 0. 0. 1.]
```

```
[ 1. 0. 0. 1. 0. 0.]
[ 0. 1. 0. 0. 0. 1.]
[ 0. 0. 1. 0. 0. 1.]
[ 0. 0. 1. 0. 1. 0.]
[ 0. 1. 0. 1. 0. 0.]])①
```

我们还可以使用如下代码来查看映射关系：

```
>>> print(dict_one_hot_encoder.vocabulary_)
{'interest=fashion': 0, 'interest=sports': 1,
'occupation=professional': 3, 'interest=tech': 2,
'occupation=retired': 4, 'occupation=student': 5}
```

对于新得到的类别型数据，我们用如下代码将其转换为数值型：

```
>>> new_dict = [{'interest': 'sports', 'occupation': 'retired'}]
>>> new_encoded = dict_one_hot_encoder.transform(new_dict)
>>> print(new_encoded)
[[ 0. 1. 0. 0. 1. 0.]]
```

我们可以像下面这样，将数值型特征编号转回到原来的特征：

```
>>> print(dict_one_hot_encoder.inverse_transform(new_encoded))
[{'interest=sports': 1.0, 'occupation=retired': 1.0}]
```

至于字符串对象格式的特征，我们可以先用 scikit-learn 库的 LabelEncoder 将其转换成整数型特征，特征的取值为 1 到 k。然后，再将整数型特征转换为 k 个二值特征。我们再用该方法处理前面那个示例的特征：

```
>>> import numpy as np
>>> X_str = np.array([['tech', 'professional'],
...                   ['fashion', 'student'],
...                   ['fashion', 'professional'],
...                   ['sports', 'student'],
...                   ['tech', 'student'],
...                   ['tech', 'retired'],
...                   ['sports', 'professional']])
>>> from sklearn.preprocessing import LabelEncoder, OneHotEncoder
>>> label_encoder = LabelEncoder()
```

---

① 原代码中的"print (X_encoded"一句丢了右半边括号。——译者注

```
>>> X_int =
  label_encoder.fit_transform(X_str.ravel()).reshape(*X_str.shape)
>>> print(X_int)
[[5 1]
 [0 4]
 [0 1]
 [3 4]
 [5 4]
 [5 2]
 [3 1]]
>>> one_hot_encoder = OneHotEncoder()
>>> X_encoded = one_hot_encoder.fit_transform(X_int).toarray()
>>> print(X_encoded)
[[ 0.  0.  1.  1.  0.  0.]
 [ 1.  0.  0.  0.  0.  1.]
 [ 1.  0.  0.  1.  0.  0.]
 [ 0.  1.  0.  0.  0.  1.]
 [ 0.  0.  1.  0.  0.  1.]
 [ 0.  0.  1.  0.  1.  0.]
 [ 0.  1.  0.  1.  0.  0.]]
```

最后，需要注意的是，在新数据中遇到新的类别（训练数据中未出现）时，应该忽略该类别。DictVectorizer 实际上是在幕后做了这样的处理：

```
>>> new_dict = [{'interest': 'unknown_interest',
                'occupation': 'retired'},
...             {'interest': 'tech', 'occupation':
                'unseen_occupation'}]
>>> new_encoded = dict_one_hot_encoder.transform(new_dict)
>>> print(new_encoded)
[[ 0. 0. 0. 0. 1. 0.]
 [ 0. 0. 1. 0. 0. 0.]]
```

然而，与 DictVectorizer 不同的是，LabelEncoder 并没有隐式处理先前未出现的类别。最简单的处理方法是，用 DictVectorizer 将字符串数据转换为字典对象。首先，定义转换函数：

```
>>> def string_to_dict(columns, data_str):
...     columns = ['interest', 'occupation']
...     data_dict = []
...     for sample_str in data_str:
...         data_dict.append({column: value
                    for column, value in zip(columns, sample_str)})
```

```
...        return data_dict
```

转换新数据，并采用 DictVectorizer：

```
>>> new_str = np.array([['unknown_interest', 'retired'],
...                      ['tech', 'unseen_occupation'],
...                      ['unknown_interest', 'unseen_occupation']])
>>> columns = ['interest', 'occupation']
>>> new_encoded = dict_one_hot_encoder.transform(
...                                  string_to_dict(columns, new_str))
>>> print(new_encoded)
[[ 0.  0.  0.  0.  1.  0.]
 [ 0.  0.  1.  0.  0.  0.]
 [ 0.  0.  0.  0.  0.  0.]]
```

6.2 对率回归分类器

回顾第 5 章，我们仅用 4000 万条数据的前 10 万条训练基于树的模型，因为在大型数据集上训练树模型，计算开销非常大，很耗时。学习了一位有效编码这一方法后，不接受类别型特征的算法，我们也可以用了。因此，我们应该选用对大型数据集具有更高扩展性的新算法。对率回归是可扩展性最高的分类算法之一。

6.2.1 从对率函数说起

在深入讲解对率回归算法之前，我们先介绍该算法的核心——**对率函数**（更普遍的叫法是 Sigmoid 函数）。基本而言，该函数将输入值映射到值域为 0～1 的输出值上。它的定义是：

$$y(z) = \frac{1}{1 + \exp(-z)}$$

用以下代码来实现该函数的可视化。

首先，定义对率函数：

```
>>> import numpy as np
>>> def sigmoid(input):
...     return 1.0 / (1 + np.exp(-input))
```

输入变量（input 变量）的取值，我们定为-8～8。用上面定义的函数计算输出值，并绘制函数图像：

```
>>> z = np.linspace(-8, 8, 1000)
>>> y = sigmoid(z)
>>> import matplotlib.pyplot as plt
>>> plt.plot(z, y)
>>> plt.axhline(y=0, ls='dotted', color='k')
>>> plt.axhline(y=0.5, ls='dotted', color='k')
>>> plt.axhline(y=1, ls='dotted', color='k')
>>> plt.yticks([0.0, 0.25, 0.5, 0.75, 1.0])
>>> plt.xlabel('z')
>>> plt.ylabel('y(z)')
>>> plt.show()
```

上述代码生成的对率函数的图像如图 6-2 所示。

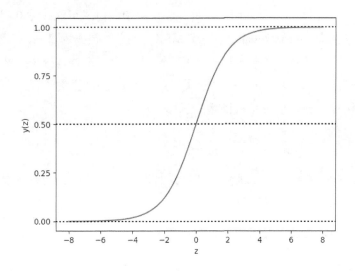

图 6-2　对率函数图像

函数图像为 S 形曲线，所有输入值被转换为 0～1 的值。输入值为正时，输入值越大，输出值越接近 1；输入值为负时，输入值越小，其输出更接近 0；输入值为 0 时，输出值取中间值 0.5。

6.2.2　对率回归的原理

了解了对率函数的相关知识后，我们很容易将它和根植于它的算法联系起来。在对率回归算法中，函数的输入 z 为各特征值的加权和。给定包含 n 个特征 $x_1, x_2, \cdots, x_n$ 的样本 $\boldsymbol{x}$（$\boldsymbol{x}$ 表示一个特征向量，$\boldsymbol{x}=(x_1, x_2, \cdots, x_n)$）和模型的权值（也称为系数）$\boldsymbol{w}$（$\boldsymbol{w}$ 表示向量$(w_1, w_2, \cdots, w_n)$），z 可表示为：

$$z = w_1 x_1 + w_2 x_2 + \cdots + w_n x_n = \boldsymbol{w}^{\mathrm{T}} \boldsymbol{x}$$

或者，有时该模型还包含截距（亦称偏差）w_0。加入截距，上面的线性关系变为：

$$z = w_0 + w_1 x_1 + w_2 x_2 + \cdots + w_n x_n = \boldsymbol{w}^{\mathrm{T}} \boldsymbol{x}$$

输出值 $y(z)$，其值域为 0～1。在该算法中，输出值表示的是，样本为 "1" 或正类的概率：

$$\hat{y} = P(y = 1 | \boldsymbol{x}) = \frac{1}{1 + \exp(-\boldsymbol{w}^{\mathrm{T}} \boldsymbol{x})}$$

因此，对率回归是一种概率分类器，类似于朴素贝叶斯分类器。

对率回归模型，或更确切地说，该模型的权值向量 $\boldsymbol{w}$ 是从训练数据中学来的，学习的目标是正类样本的预测值尽可能接近 1，负类样本的预测值尽可能接近 0。用数学语言来讲，以最小化用**均方误差**（mean squared error，MSE）定义的损失为目标，训练权值。MSE 度量的是实际值和预测值之差的平方和的均值。给定 m 个训练样本$(\boldsymbol{x}^{(1)}, y^{(1)})$, $(\boldsymbol{x}^{(2)}, y^{(2)})$, $\cdots$, $(\boldsymbol{x}^{(i)}, y^{(i)})$, $\cdots$, $(\boldsymbol{x}^{(m)}, y^{(m)})$，其中 $y^{(i)}$ 为 1（正类）或 0（负类），损失函数 $J(w)$ 是关于权值的函数，学习时寻找 w 的最优值，损失函数表示如下：

$$J(\boldsymbol{w}) = \frac{1}{m} \sum_{i=1}^{m} \frac{1}{2} (\hat{y}(\boldsymbol{x}^{(i)}) - y^{(i)})^2$$

然而，上述损失函数为非凸函数。在寻找最优 $\boldsymbol{w}$ 时，该函数会找到很多局部（次优）最优值，而不会收敛到全局最优值。

凸函数和非凸函数的图像示例，如图 6-3 所示。

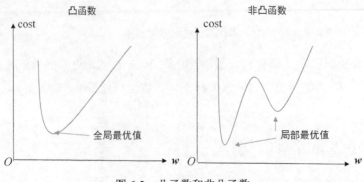

图 6-3　凸函数和非凸函数

为了解决这一问题，在实际应用中，损失函数使用如下定义：

$$J(\boldsymbol{w}) = \frac{1}{m}\sum_{i=1}^{m} -[y^{(i)}\log(\hat{y}(\boldsymbol{x}^{(i)})) + (1-y^{(i)})\log(1-\hat{y}(\boldsymbol{x}^{(i)}))]$$

我们可以进一步看看一个简单的训练样本的损失：

$$j(\boldsymbol{w}) = -y^{(i)}\log(\hat{y}(\boldsymbol{x}^{(i)})) - (1-y^{(i)})\log(1-\hat{y}(\boldsymbol{x}^{(i)}))$$
$$= \begin{cases} -\log(\hat{y}(\boldsymbol{x}^{(i)})), \text{若 } y^{(i)} = 1 \\ -\log(1-\hat{y}(\boldsymbol{x}^{(i)})), \text{若 } y^{(i)} = 0 \end{cases}$$

如果 $y^{(i)}=1$，当模型预测正确（正类的概率为 100%）时，该样本的损失 j 为 0；若预测结果越不可能是正类，损失就越大；若预测错误，得出了没有可能是正类的结论，损失就会无限大，如图 6-4 所示：

```
>>> y_hat = np.linspace(0, 1, 1000)
>>> cost = -np.log(y_hat)
>>> plt.plot(y_hat, cost)
>>> plt.xlabel('Prediction')
>>> plt.ylabel('Cost')
>>> plt.xlim(0, 1)
>>> plt.ylim(0, 7)
>>> plt.show()
```

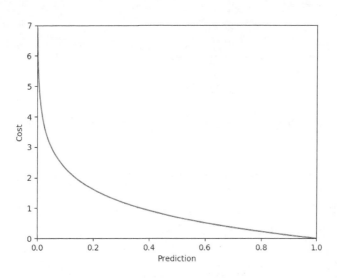

图 6-4　预测结果与损失的关系图（$y^{(i)}=1$）

反之，如果 $y^{(i)}=0$，当模型预测正确（正类的概率为 0 或负类的概率为 100%）时，该

样本的损失 j 为 0；若预测结果是正类的可能性越大，损失越大；若预测错误，得出了没有可能是负类的结论，损失就会无限大，如图 6-5 所示：

```
>>> y_hat = np.linspace(0, 1, 1000)
>>> cost = -np.log(1 - y_hat)
>>> plt.plot(y_hat, cost)
>>> plt.xlabel('Prediction')
>>> plt.ylabel('Cost')
>>> plt.xlim(0, 1)
>>> plt.ylim(0, 7)
>>> plt.show()
```

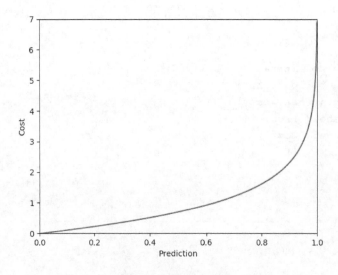

图 6-5　预测结果与损失的关系图（$y^{(i)}$=0）

最小化这个新定义的损失函数，实际上等价于最小化用 MSE 表示的损失函数。选用该函数的优点包括：

- 显然是凸函数，因此能找到最优的模型权值；

- 对预测值 $\hat{y}(\boldsymbol{x}^{(i)})$ 或 $1 - \hat{y}(\boldsymbol{x}^{(i)})$ 取对数，再求和，这简化了对预测值求相对于权值的导数的计算，我们稍后会讨论这一点。

由于采用了对率函数，所以损失函数 $J(\boldsymbol{w}) = \dfrac{1}{m}\sum_{i=1}^{m} -[y^{(i)}\log(\hat{y}(\boldsymbol{x}^{(i)})) + (1 - y^{(i)})\log(1 - \hat{y}(\boldsymbol{x}^{(i)}))]$

亦称为对率损失（logarithmic loss 或简称为 log loss）。

6.2.3 用梯度下降方法训练对率回归模型

现在，问题变为我们如何获得最优的 w 值，使得 $J(w) = \frac{1}{m}\sum_{i=1}^{m}-[y^{(i)}\log(\hat{y}(x^{(i)})) + (1-y^{(i)})\log(1-\hat{y}(x^{(i)}))]$ 取得最小值。我们用梯度下降方法来求解该问题。

梯度下降（亦称最速下降）是一种通过一阶迭代优化来最小化目标函数的方法。每次迭代，权值朝目标函数在当前点的导数的反方向移动一小步。这意味着即将成为最优的点以迭代的方式朝目标函数最小值方向向下移动。移动的距离与导数的比值，称为学习率或步长，权值的更新步骤用以下数学等式来表示：

$$w := w - \eta\,\Delta w$$

其中，左侧 w 是经过一步学习之后得到的权值向量，右侧 w 是移动之前的权值向量，η 是学习率，Δw 是一阶导数，也就是梯度。

在该例中，我们从求损失函数 $J(w)$ 对 w 的导数入手。虽然需要一些微积分知识，但也不必担心；我们将逐步讲解。

首先计算 $\hat{y}(x)$ 对 w 的导数。我们这里以第 j 个权值 w_j 为例（请注意，$z = w^{\mathrm{T}}x$，简单起见，我们省略了上标 (i)）：

$$\frac{\partial}{\partial w_j}\hat{y}(z) = \frac{\partial}{\partial w_j}\frac{1}{1+\exp(-z)} = \frac{\partial}{\partial z}\frac{1}{1+\exp(-z)}\frac{\partial}{\partial w_j}z$$

$$= \frac{1}{[1+\exp(-z)]^2}\exp(-z)\frac{\partial}{\partial w_j}z$$

$$= \frac{1}{1+\exp(-z)}\left[1 - \frac{1}{1+\exp(-z)}\right]\frac{\partial}{\partial w_j}z = \hat{y}(z)(1-\hat{y}(z))\frac{\partial}{\partial w_j}z$$

该样本的损失函数 $J(w)$ 的导数：

$$\frac{\partial}{\partial w_j}J(w) = -y\frac{\partial}{\partial w_j}\log(\hat{y}(z)) + (1-y)\frac{\partial}{\partial w_j}\log(1-\hat{y}(z))$$

$$= \left[-y\frac{1}{\hat{y}(z)} + (1-y)\frac{1}{1-\hat{y}(z)}\right]\frac{\partial}{\partial w_j}\hat{y}(z)$$

$$= \left[-y\frac{1}{\hat{y}(z)} + (1-y)\frac{1}{1-\hat{y}(z)}\right]\hat{y}(z)(1-\hat{y}(z))\frac{\partial}{\partial w_j}z$$

$$= (-y + \hat{y}(z))x_j$$

m 个样本的全部损失：

$$\Delta w_j = \frac{\partial}{\partial w_j} J(w) = \frac{1}{m} \sum_{i=1}^{m} (1 - y^{(i)} + \hat{y}(z^{(i)})) x_j^{(i)}$$

推广到 Δw：

$$\Delta w = \frac{1}{m} \sum_{i=1}^{m} (-y^{(i)} + \hat{y}(z^{(i)})) x^{(i)}$$

现在，权值可按如下形式更新：

$$w := w + \eta \frac{1}{m} \sum_{i=1}^{m} (y^{(i)} - \hat{y}(z^{(i)})) x^{(i)}$$

在每轮迭代中更新 w。经过多轮迭代之后，就可用学习得到的 w 和 b，为新样本 x' 分类，方法如下：

$$y' = \frac{1}{1 + \exp(-w^{\mathrm{T}} x')}$$

$$\begin{cases} 1, & \text{若 } y' \geqslant 0.5 \\ 0, & \text{若 } y' < 0.5 \end{cases}$$

默认的决策阈值是 0.5，当然可以使用其他值。若要不惜一切代价避免出现假负类，例如预测火险（正类）以便发出警报，决策阈值可低于 0.5，比如取 0.3，具体取何值取决于我们的疑心有多重和我们想防止正类事件发生的主动性有多大。从另一方面来讲，假正类是应该避免的，例如预测产品的合格（正类）率以保证产品的质量，决策阈值可以高于 0.5，比如 0.7，具体取决于我们对产品质量的要求有多高。

对基于梯度下降的训练和预测过程有了透彻的理解之后，我们再从头编写代码来实现对率回归算法。

首先，我们定义一个函数，用当前的权值计算预测值 $\hat{y}(x)$：

```
>>> def compute_prediction(X, weights):
...     """ Compute the prediction y_hat based on current weights
...     Args:
...         X (numpy.ndarray)
...         weights (numpy.ndarray)
...     Returns:
...         numpy.ndarray, y_hat of X under weights
...     """
...     z = np.dot(X, weights)
```

```
...         predictions = sigmoid(z)
...         return predictions
```

接着编写权值更新函数，按梯度下降方式更新一步权值 $w := w + \eta \frac{1}{m} \sum_{i=1}^{m} (y^{(i)} - \hat{y}(z^{(i)})) x^{(i)}$，用上刚实现的函数：

```
>>> def update_weights_gd(X_train, y_train, weights,
                                              learning_rate):
...         """ Update weights by one step
...         Args:
...             X_train, y_train (numpy.ndarray, training data set)
...             weights (numpy.ndarray)
...             learning_rate (float)
...         Returns:
...             numpy.ndarray, updated weights
...         """
...         predictions = compute_prediction(X_train, weights)
...         weights_delta = np.dot(X_train.T, y_train - predictions)
...         m = y_train.shape[0]
...         weights += learning_rate / float(m) * weights_delta
...         return weights
```

编写计算损失 $J(w)$ 的函数：

```
>>> def compute_cost(X, y, weights):
...         """ Compute the cost J(w)
...         Args:
...             X, y (numpy.ndarray, data set)
...             weights (numpy.ndarray)
...         Returns:
...             float
...         """
...         predictions = compute_prediction(X, weights)
...         cost = np.mean(-y * np.log(predictions)
...                         - (1 - y) * np.log(1 - predictions))
...         return cost
```

现在，我们用模型训练函数将上述所有函数串在一起：

- 在每轮迭代后，更新权值向量；

- 每 100（或其他值）轮迭代后，输出当前的损失，确保损失呈下降趋势，确保我们实现的模型运行正常。

```
>>> def train_logistic_regression(X_train, y_train, max_iter,
                                   learning_rate, fit_intercept=False):
...         """ Train a logistic regression model
...         Args:
...             X_train, y_train (numpy.ndarray, training data set)
...             max_iter (int, number of iterations)
...             learning_rate (float)
...             fit_intercept (bool, with an intercept w0 or not)
...         Returns:
...             numpy.ndarray, learned weights
...         """
...         if fit_intercept:
...             intercept = np.ones((X_train.shape[0], 1))
...             X_train = np.hstack((intercept, X_train))
...         weights = np.zeros(X_train.shape[1])
...         for iteration in range(max_iter):
...             weights = update_weights_gd(X_train, y_train,
                                            weights, learning_rate)
...             # Check the cost for every 100 (for example)
                  iterations
...             if iteration % 100 == 0:
...                 print(compute_cost(X_train, y_train, weights))
...         return weights
```

最后，用训练得到的模型预测新的输入：

```
>>> def predict(X, weights):
...         if X.shape[1] == weights.shape[0] - 1:
...             intercept = np.ones((X.shape[0], 1))
...             X = np.hstack((intercept, X))
...         return compute_prediction(X, weights)
```

如上所见，对率回归算法的实现非常简单。接下来用一个小例子检验该模型：

```
>>> X_train = np.array([[6, 7],
...                     [2, 4],
...                     [3, 6],
...                     [4, 7],
...                     [1, 6],
...                     [5, 2],
...                     [2, 0],
```

```
...                          [6, 3],
...                          [4, 1],
...                          [7, 2]])
>>> y_train = np.array([0,
...                         0,
...                         0,
...                         0,
...                         0,
...                         1,
...                         1,
...                         1,
...                         1,
...                         1])
```

训练一个对率回归模型，迭代 1000 轮，学习率定为 0.1，权值包含截距项：

```
>>> weights = train_logistic_regression(X_train, y_train,
...           max_iter=1000, learning_rate=0.1, fit_intercept=True)
0.574404237166
0.0344602233925
0.0182655727085
0.012493458388
0.00951532913855
0.00769338806065
0.00646209433351
0.00557351184683
0.00490163225453
0.00437556774067
```

损失下降，这表示模型不断优化。我们可以在新的样本上检验模型的表现：

```
>>> X_test = np.array([[6, 1],
...                     [1, 3],
...                     [3, 1],
...                     [4, 5]])
>>> predictions = predict(X_test, weights)
>>> predictions
array([ 0.9999478 , 0.00743991, 0.9808652 , 0.02080847])
```

用以下代码将分类结果可视化：

```
>>> plt.scatter(X_train[:,0], X_train[:,1], c=['b']*5+['k']*5,
                                            marker='o')
```

分类的决策阈值定为 0.5：

```
>>> colours = ['k' if prediction >= 0.5 else 'b'
                             for prediction in predictions]
>>> plt.scatter(X_test[:,0], X_test[:,1], marker='*', c=colours)
>>> plt.xlabel('x1')
>>> plt.ylabel('x2')
>>> plt.show()
```

我们训练的模型能正确预测新样本的类别（如图 6-6 中的小星星）。

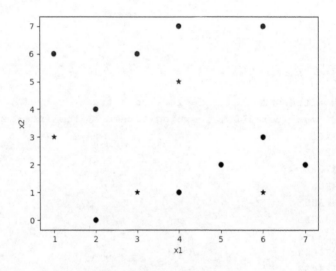

图 6-6　模型为新样本正确分类

6.3　用梯度下降对率回归预测点击率

看完这个小例子之后，现在来部署刚开发的算法，测试它在点击率预测项目中的表现。

再次，我们用前 1 万条数据训练，用这之后的 1 万条数据测试：

```
>>> n = 10000
>>> X_dict_train, y_train = read_ad_click_data(n)
>>> dict_one_hot_encoder = DictVectorizer(sparse=False)
>>> X_train = dict_one_hot_encoder.fit_transform(X_dict_train)
>>> X_dict_test, y_test = read_ad_click_data(n, n)
>>> X_test = dict_one_hot_encoder.transform(X_dict_test)
```

```
>>> X_train_10k = X_train
>>> y_train_10k = np.array(y_train)
```

训练对率回归模型，迭代 10 000 轮，学习率定为 0.01，权值包含截距项，每 1000 轮迭代后输出当前的损失：

```
>>> import timeit
>>> start_time = timeit.default_timer()
>>> weights = train_logistic_regression(X_train, y_train,
            max_iter=10000, learning_rate=0.01, fit_intercept=True)
0.682001945674
0.43170915857
0.425685277505
0.422843135343
0.420960348782
0.419499856125
0.418277700999
0.417213474173
0.416265039542
0.415407033145
>>> print("--- %0.3fs seconds ---" %
                        (timeit.default_timer() - start_time))
--- 208.981s seconds ---
```

模型训练耗时 209s，训练过程中损失不断下降。训练得到的模型在测试集上的效果如下：

```
>>> X_test_10k = X_test
>>> predictions = predict(X_test_10k, weights)
>>> from sklearn.metrics import roc_auc_score
>>> prin( 'The ROC AUC on testing set is:
                {0:.3f}'.format(roc_auc_score(y_test, predictions)))
The ROC AUC on testing set is: 0.711
```

该模型的预测性能与我们上章实现的随机森林的性能相当。

正如本章一开始所提到的，对率回归分类器适合用大型数据集训练，而基于树的模型通常不适合。我们现在就来验证该结论。尝试用前 10 万（仅是刚才训练数据的 10 倍）个样本训练模型。训练过程与上面的相同，只不过这次 $n = 100\,000$：

```
>>> start_time = timeit.default_timer()
>>> weights = train_logistic_regression(X_train_100k,
            y_train_100k, max_iter=10000, learning_rate=0.01,
```

```
                 fit_intercept=True)
0.682286670386
0.436252745484
0.430163621042
0.42756004451
0.425981638653
0.424832471514
0.423913850459
0.423142334978
0.422475789968
0.421889510225
>>> print("--- %0.3fs seconds ---" %
                        (timeit.default_timer() - start_time))
--- 4594.663s seconds ---
```

用 10 万个样本训练模型，耗时 1 个多小时！我们如何高效处理大型数据集，如样本量不只 10 万，而是百万级的（例如，点击率数据集训练文件的 4000 万个样本）？

6.3.1　训练随机梯度下降对率回归模型

在基于梯度下降的对率回归模型中，每轮迭代用所有的训练样本来更新权值。因此，若训练样本量很大，那么整个训练过程将非常耗时，计算开销很大，正如我们在上一个示例中所见到的。

幸运的是，稍微调整对率回归模型，你就能用其处理海量数据。每次更新权值时，只需用一个训练样本，而无须使用整个训练集。模型根据由单个训练样本计算得到的错误移动一步。所有样本都使用过之后，一轮迭代结束。梯度下降的这种高级版本称为随机梯度下降（stochastic gradient descent，SGD）。在每轮迭代中，我们所做的操作其实是：

$$w := w + \eta(y^{(i)} - \hat{y}(z^{(i)}))x^{(i)}, 1 \leqslant i \leqslant m$$

SGD 一般会在几轮迭代之后收敛（通常少于 10 轮），梯度下降通常需要多轮迭代，SGD 比梯度下降要快得多。

稍微修改 update_weights_gd 函数，就可以实现 SGD 对率回归：

```
>>> def update_weights_sgd(X_train, y_train, weights,
                                    learning_rate):
...     """ One weight update iteration: moving weights by one
            step based on each individual sample
```

```
...        Args:
...            X_train, y_train (numpy.ndarray, training data set)
...            weights (numpy.ndarray)
...            learning_rate (float)
...        Returns:
...            numpy.ndarray, updated weights
...        """
...        for X_each, y_each in zip(X_train, y_train):
...            prediction = compute_prediction(X_each, weights)
...            weights_delta = X_each.T * (y_each - prediction)
...            weights += learning_rate * weights_delta
...    return weights
```

请将 train_logistic_regression 函数中的这行代码:

```
weights = update_weights_gd(X_train, y_train, weights, learning_rate)
```

替换为:

```
weights = update_weights_sgd(X_train, y_train, weights, learning_rate)
```

现在,我们来看下这一微小改动的威力有多大。首先,我们用 1 万个样本训练,迭代5 轮,学习率设为 0.01,每隔一轮迭代就输出当前的损失:

```
>>> start_time = timeit.default_timer()
>>> weights = train_logistic_regression(X_train_10k, y_train_10k,
            max_iter=5, learning_rate=0.01, fit_intercept=True)
0.414965479133
0.406007112829
0.401049374518
>>> print("--- %0.3fs seconds ---" %
                        (timeit.default_timer() - start_time))
--- 1.007s seconds ---
```

训练过程 1s 就结束了!它在测试集上的性能也优于之前的模型:

```
>>> predictions = predict(X_test_10k, weights)
>>> print('The ROC AUC on testing set is:
            {0:.3f}'.format(roc_auc_score(y_test, predictions)))
The ROC AUC on testing set is: 0.720
```

它在样本量为 10 万的数据集上表现如何?我们用以下代码来验证:

```
>>> start_time = timeit.default_timer()
>>> weights = train_logistic_regression(X_train_100k,
            y_train_100k, max_iter=5, learning_rate=0.01,
            fit_intercept=True)
0.412786485963
0.407850459722
0.405457331149
>>> print("--- %0.3fs seconds ---" %
        (timeit.default_timer() - start_time))
--- 24.566s seconds ---
```

我们用随后的 1 万个样本来验证模型的分类性能：

```
>>> X_dict_test, y_test_next10k =
                        read_ad_click_data(10000, 100000)
>>> X_test_next10k = dict_one_hot_encoder.transform(X_dict_test)
>>> predictions = predict(X_test_next10k, weights)
>>> prin( 'The ROC AUC on testing set is:
        {0:.3f}'.format(roc_auc_score(y_test_next10k, predictions)))
The ROC AUC on testing set is: 0.736
```

显然，比起基于梯度下降的模型，基于 SGD 的模型的性能出奇得高。

从头实现 SGD 对率回归算法之后，我们照旧用 scikit-learn 的 SGDClassifier 包来实现它：

```
>>> from sklearn.linear_model import SGDClassifier
>>> sgd_lr = SGDClassifier(loss='log', penalty=None,
            fit_intercept=True, n_iter=5,
            learning_rate='constant', eta0=0.01)
```

参数 loss 的值设为 "log"，表示损失函数使用对率损失；penalty 是用于减少过拟合的正则项，下一节将作深入讨论；n_iter 是迭代轮数；其余的两个参数表示学习率为 0.01，并在训练过程中保持不变。请注意，learning_rate 的默认值是 "optimal"，使用该值后，随着权值更新轮数的增加，学习率会有轻微地下降。当数据集很大时，使用该值有助于寻找最优方案。

现在，训练并测试模型的性能：

```
>>> sgd_lr.fit(X_train_100k, y_train_100k)
```

```
>>> predictions = sgd_lr.predict_proba(X_test_next10k)[:, 1]
>>> print('The ROC AUC on testing set is:
    {0:.3f}'.format(roc_auc_score(y_test_next10k, predictions)))
The ROC AUC on testing set is: 0.735
```

既快又简单！

6.3.2 训练带正则项的对率回归模型

在 6.3.1 节中，我们简单提到了对率回归 SGDClassifier 的 `penalty` 参数与模型的正则化有关。正则化有两种基本形式：L1 和 L2。不论哪种形式，正则化方法均是在原损失函数的基础上增加一项额外的正则项：

$$J(\boldsymbol{w}) = \frac{1}{m}\sum_{i=1}^{m} -[y^{(i)}\log(\hat{y}(\boldsymbol{x}^{(i)})) + (1-y^{(i)})\log(1-\hat{y}(\boldsymbol{x}^{(i)}))] + \alpha \parallel \boldsymbol{w} \parallel^q$$

其中，正则项前面的 α 是一个常数，称为正则化常数；q 为 1 或 2，表示使用 L1 或 L2 正则化方法：

$$\parallel \boldsymbol{w} \parallel^1 = \sum_{j=1}^{n} |w_j|$$

$$\parallel \boldsymbol{w} \parallel^2 = \sum_{j=1}^{n} w_j^2$$

训练对率回归模型，也就是减少关于 $\boldsymbol{w}$ 的损失函数的函数值所表示的损失的过程。如果某些权值，比如 w_i、w_j、w_k 相当大，则全部损失将由这些较大的权值来决定。在这种情况下，学习到的模型也许仅记住了训练集，而无法泛化到未见到的数据。因此，引入正则项可以惩罚较大的权值，权值成为最小化的损失的一部分。正则化能够消除过拟合问题。最后，参数 α 控制着对率损失和泛化能力之间的折中。α 过小，无法惩罚较大的权值，模型也许存在方差较大或过拟合问题；反之，α 过大，模型过于泛化，对数据集拟合较差，存在欠拟合问题。要获得最优的带有正则项的对率回归模型，参数 α 需重点调试。

至于选择 L1 还是 L2 形式，选择的依据是是否需要选择特征。在机器学习分类任务中，特征选择是一个过程。该过程选用一小组显著的特征来构造性能更好的模型。在实际应用中你就会发现，并不是数据集的每个特征都承载着有助于区分样本的信息；一些特征不是冗余就是不相关，因此丢掉这些特征的损失很小。

在对率回归分类器中，只有 L1 正则化支持特征选择。为了便于理解，我们举个例子，

有两个权值向量 $w_1 = (1, 0)$ 和 $w_2 = (0.5, 0.5)$，假如两者产生的对率损失相同，那么为每个向量应用 L1 和 L2 正则化后的结果为：

$$\| w_1 \|^1 = |1| + |0| = 1, \| w_2 \|^1 = |0.5| + |0.5| = 1$$

$$\| w_1 \|^2 = 1^2 + 0^2 = 1, \| w_2 \|^2 = 0.5^2 + 0.5^2 = 0.5$$

两个向量应用 L1 正则化后，结果相等，而 w_2 的 L2 正则化后的结果比 w_1 的小。这表明权值向量若包含非常大和非常小的权值，比起 L1 正则化，L2 正则化对权值的惩罚更多。换言之，L2 正则化偏好所有权值相对较小、避免任何权值出现非常大和非常小的情况，而 L1 正则化允许有些权值非常大，有些权值非常小。只有用 L1 正则化，一些权值才可被压缩接近或直接为 0，从而实现特征选择。

在 scikit-learn 中，正则化类型用正则化参数指定，参数值可以是 none、l1、l2 或 elasticnet（混合使用 L1 和 L2），正则化常数 α 用 alpha 参数指定。

下面，我们检验 L1 正则化的特征选择效果。

使用 L1 正则化来初始化 SGD 对率回归模型，然后用 1 万个样本训练模型：

```
>>> l1_feature_selector = SGDClassifier(loss='log', penalty='l1',
                           alpha=0.0001, fit_intercept=True,
                           n_iter=5, learning_rate='constant',
                           eta0=0.01)
>>> l1_feature_selector.fit(X_train_10k, y_train_10k)
```

在训练好的模型上，用 transform 方法[①]选择重要特征：

```
>>> X_train_10k_selected = l1_feature_selector.transform(X_train_10k)
```

生成的数据集只包含 574 个最重要的特征：

```
>>> print(X_train_10k_selected.shape)
(10000, 574)
```

原始数据集则有 2820 个特征：

```
>>> print(X_train_10k.shape)
(10000, 2820)
```

---

① sklearn 0.19 版本不再支持该方法。——译者注

进一步观察模型的权值：

```
>>> l1_feature_selector.coef_
array([[ 0.17832874,  0.        ,  0.        , ..., 0.        ,
         0.        ,  0.        ]])
```

输出最低的 10 个权值和相应的 10 个最不重要的特征：

```
>>> print(np.sort(l1_feature_selector.coef_)[0][:10])
[-0.59326128 -0.43930402 -0.43054312 -0.42387413 -0.41166026
 -0.41166026 -0.31539391 -0.30743371 -0.28278958 -0.26746869]
>>> print(np.argsort(l1_feature_selector.coef_)[0][:10])
[ 559 1540 2172 34 2370 2566 579 2116 278 2221]
```

输出最高的 10 个权值和相应的 10 个最重要的特征：

```
>>> print(np.sort(l1_feature_selector.coef_)[0][-10:])
[ 0.27764331  0.29581609  0.30518966  0.3083551  0.31949471
  0.3464423   0.35382674  0.3711177   0.38212495 0.40790229]
>>> print(np.argsort(l1_feature_selector.coef_)[0][-10:])
 [2110 2769 546 547 2275 2149 2580 1503 1519 2761]
```

我们还可以查看实际的特征是什么：

```
>>> dict_one_hot_encoder.feature_names_[2761]
'site_id=d9750ee7'
>>> dict_one_hot_encoder.feature_names_[1519]
'device_model=84ebbcd4'
```

6.3.3 用线上学习方法，在大型数据集上训练

我们一直在 10 万个样本上训练模型，样本量从未超过这个数。否则，内存就会因存放的数据量太大而过载，且程序将崩溃。本节，我们将演示如何用线上学习方法（online learning），在大型数据集上训练模型。

随机梯度下降是对梯度下降的改进，每轮迭代依次用单个训练样本更新模型，而不是用整个训练集一次就更新完模型。我们还可以用线上学习方法，进一步提升随机梯度下降模型的扩展能力。在线上学习中，新的训练数据以序列化方式或实时提供，而不必像离线学习环境一样一次提供全部训练数据，如图 6-7 所示。线上学习每次只加载数量相对较小的一部分数据，并对其预处理以用于训练，从而释放了存放整个大型数据集所需的内存。

线上学习在计算方面更加可行，它还适合实时生成新数据并需要用新数据更新模型的应用场景。例如，股价预测模型用最新的市场数据、以线上学习的方式更新；点击率预测模型需要整合能反映用户最新行为和喜好的最新数据；垃圾邮件检测器必须考虑动态生成的新特征，及时响应不断变化的垃圾邮件发送方。在先前的数据集上训练好的模型，现在仅需用最新的数据集训练，而不必像离线学习那样，用先前和最新的数据集重新训练。

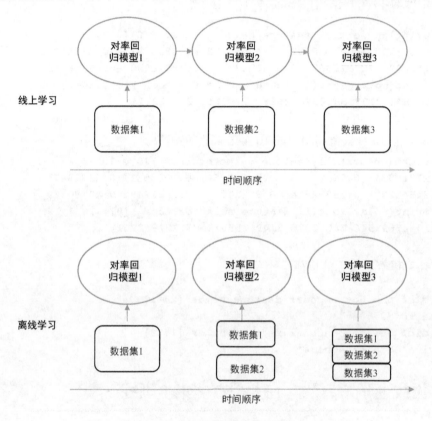

图 6-7　线上学习和离线学习

　　scikit-learn 的 SGDClassifier 实现了线上学习方法 partial_fit（如前所见，fit 是离线学习方法）。我们用线上学习方法，在前 10 万个样本上训练模型：

```
>>> sgd_lr = SGDClassifier(loss='log', penalty=None,
            fit_intercept=True, n_iter=1,
            learning_rate='constant', eta0=0.01)
>>> start_time = timeit.default_timer()
>>> for i in range(10):
...     X_dict_train, y_train_every_100k =
```

```
                        read_ad_click_data(100000, i * 100000)
...       X_train_every_100k =
                        dict_one_hot_encoder.transform(X_dict_train)
...       sgd_lr.partial_fit(X_train_every_100k, y_train_every_100k,
                                          classes=[0, 1])
```

然后，用接下来的 1 万个样本测试：

```
>>> X_dict_test, y_test_next10k =
                        read_ad_click_data(10000, (i + 1) * 100000)
>>> X_test_next10k = dict_one_hot_encoder.transform(X_dict_test)
>>> predictions = sgd_lr.predict_proba(X_test_next10k)[:, 1]
>>> print('The ROC AUC on testing set is:
      {0:.3f}'.format(roc_auc_score(y_test_next10k, predictions)))
The ROC AUC on testing set is: 0.756
>>> print("--- %0.3fs seconds ---" %
                              (timeit.default_timer() - start_time))
--- 107.030s seconds ---
```

线上学习方法在 10 万个样本上训练模型的效率很高。

6.3.4　多分类

最后需要掌握的是，对率回归算法如何处理多分类。虽然我们通过处理二分类问题的方式，使用 scikit-learn 分类器就能解决多分类问题，但我还是鼓励你要理解对率回归处理多分类问题的原理。

多于两类的对率回归也称为**多元对率回归**（multinomial logistic regression），它更广为人知的名字是 **Softmax 回归**。回顾二分类问题，模型用一个权值向量 w 来表示，目标类别为 "1" 或正类的概率可写作：$\hat{y} = P(y = 1|\boldsymbol{x}) = \dfrac{1}{1 + \exp(-\boldsymbol{w}^{\mathrm{T}}\boldsymbol{x})}$。$K$ 个类别的分类问题，模型用 K 个权值向量 $\boldsymbol{w}_1, \boldsymbol{w}_2, \cdots, \boldsymbol{w}_K$ 表示，目标类别为 k 的概率如下：

$$\hat{y}_k = P(y = k \mid \boldsymbol{x}) \frac{\exp(\boldsymbol{w}_k^{\mathrm{T}}\boldsymbol{x})}{\sum_{j=1}^{K} \exp(\boldsymbol{w}_j^{\mathrm{T}}\boldsymbol{x})}$$

请注意，$\sum_{j=1}^{K} \exp(\boldsymbol{w}_j^{\mathrm{T}}\boldsymbol{x})$ 对概率 $\hat{y}_k$ 作归一化处理，使概率 $\hat{y}_k$（k 取 1 到 K）加起来为 1。二分类的损失函数为 $J(\boldsymbol{w}) = \dfrac{1}{m}\sum_{i=1}^{m} -\Big[y^{(i)} \log(\hat{y}(\boldsymbol{x}^{(i)})) + (1 - y^{(i)})\log(1 - \hat{y}(\boldsymbol{x}^{(i)})) \Big]$。类似地，多

分类的损失函数为：

$$J(\boldsymbol{w}) = \frac{1}{m}\sum\nolimits_{i=1}^{m} -\left[\sum\nolimits_{j=1}^{K} 1\{y^{(i)} = j\}\log(\hat{y}_k(\boldsymbol{x}^{(i)}))\right]$$

其中函数 $1\{y^{(i)} = j\}$，仅当 $y^{(i)} = j$ 时，函数值为 1，否则为 0。

既已定义损失函数，我们可按照二分类每一步的改变量 $\Delta\boldsymbol{w}$ 的计算方法来计算权值向量 j 的改变量 $\Delta\boldsymbol{w}_j$：

$$\Delta\boldsymbol{w}_j = \frac{1}{m}\sum\nolimits_{i=1}^{m}(-1\{y^{(i)} = j\} + \hat{y}_k(\boldsymbol{x}^{(i)}))\boldsymbol{x}^{(i)}$$

在每轮迭代中，所有 K 个权值向量以相似的方式更新。迭代多轮之后，学习到的权值向量 $\boldsymbol{w}_1, \boldsymbol{w}_2, \cdots, \boldsymbol{w}_K$ 可用来为 $\boldsymbol{x}'$ 新样本分类：

$$y' = \arg\max_k \hat{y}_k = \arg\max_k P(y = k \mid \boldsymbol{x}')$$

为了更好地理解以上内容，我们用第 4 章的新闻话题数据集做实验（请注意，下面将复用第 4 章定义的函数）：

```
>>> data_train = fetch_20newsgroups(subset='train',
                            categories=None, random_state=42)
>>> data_test = fetch_20newsgroups(subset='test', categories=None,
                            random_state=42)
>>> cleaned_train = clean_text(data_train.data)
>>> label_train = data_train.target
>>> cleaned_test = clean_text(data_test.data)
>>> label_test = data_test.target
>>> tfidf_vectorizer = TfidfVectorizer(sublinear_tf=True,
        max_df=0.5, stop_words='english', max_features=40000)
>>> term_docs_train =
                tfidf_vectorizer.fit_transform(cleaned_train)
>>> term_docs_test = tfidf_vectorizer.transform(cleaned_test)
```

我们采用网格搜索方法来寻找最优的多元对率回归模型：

```
>>> from sklearn.model_selection import GridSearchCV
>>> parameters = {'penalty': ['12', None],
...               'alpha': [1e-07, 1e-06, 1e-05, 1e-04],
...               'eta0': [0.01, 0.1, 1, 10]}
>>> sgd_lr = SGDClassifier(loss='log', learning_rate='constant',
                    eta0=0.01, fit_intercept=True, n_iter=10)
```

```
>>> grid_search = GridSearchCV(sgd_lr, parameters,
                                n_jobs=-1, cv=3)
>>> grid_search.fit(term_docs_train, label_train)
>>> print(grid_search.best_params_)
{'penalty': 'l2', 'alpha': 1e-07, 'eta0': 10}
```

使用最优的模型预测，代码如下：

```
>>> sgd_lr_best = grid_search.best_estimator_
>>> accuracy = sgd_lr_best.score(term_docs_test, label_test)
>>> print('The accuracy on testing set is:
                            {0:.1f}%'.format(accuracy*100))
The accuracy on testing set is: 79.7%
```

6.4 用随机森林选择参数

在 6.3 节中，我们学习了如何用 L1 正则化对率回归选择特征，从 2820 个特征中选取了 574 个更重要的广告点击特征。L1 正则化将重要程度较低的特征的权值压缩到接近 0 或正好为 0。除了 L1 正则化，随机森林也是一种被频繁使用的特征选择方法。

回顾一下，随机森林集成了一组使用不同样本训练得到的决策树。在每个节点中，选取最优的划分点时，随机选择一个特征子集。只挑显著的特征（及作为划分依据的特征值）构成树的节点，这是决策树算法的精髓所在。在随机森林中，频繁用于树节点的特征非常重要。换言之，我们可以根据特征在所有树中用作树节点的次数，来对它们的重要性排序，并选用最重要的一些特征。

scikit-learn 训练好的 RandomForestClassifier 具有 feature_importances_ 属性，它计算的是特征用作树节点的比例，以此反映特征的重要性。我们再次用 1 万个广告点击样本来训练随机森林模型，并检验该模型的特征选取效果：

```
>>> from sklearn.ensemble import RandomForestClassifier
>>> random_forest = RandomForestClassifier(n_estimators=100,
                criterion='gini', min_samples_split=30, n_jobs=-1)
>>> random_forest.fit(X_train_10k, y_train_10k)
```

训练完随机森林模型之后，查看 10 个最不重要特征的重要性及相应的特征：

```
>>> print(np.sort(random_forest.feature_importances_)[:10])
[ 0. 0. 0. 0. 0. 0. 0. 0. 0. 0.]
>>> print(np.argsort(random_forest.feature_importances_)[:10])
[1359 2198 2475 2378 1980 516 2369 1380 157 2625]
```

我们也可查看 10 个最重要特征的重要性及相应的特征：

```
>>> print(np.sort(random_forest.feature_importances_)[-10:])
 [ 0.0072243    0.00757724   0.00811834   0.00847693   0.00856942
   0.00889287   0.00930343   0.01081189   0.013195     0.01567019]
>>> print(np.argsort(random_forest.feature_importances_)[-10:])
[ 549 1284 2265 1540 1085 1923 1503 2761 554 393]
```

不论是 L1 正则化对率回归，还是随机森林，特征 2761('site_id=d9750ee7')都在最重要的 10 个特征之列。用随机森林选取的最重要特征：

```
>>> dict_one_hot_encoder.feature_names_[393]
'C18=2'
```

我们还可以选择前 500 个最重要特征：

```
>>> top500_feature = np.argsort(random_forest.feature_importances_)[-500:]
>>> X_train_10k_selected = X_train_10k[:, top500_feature]
>>> print(X_train_10k_selected.shape)
(10000, 500)
```

6.5 小结

在本章中，我们继续做在线广告点击率预测项目。我们用一位有效编码攻克了类别型特征所带来的挑战。接着，我们选用对大型数据集具有较高扩展能力的新型分类算法——对率回归。在深入讨论该算法之前，我们先介绍了对率函数，随后又讲解了该算法的原理。然后，我们讲了用梯度下降训练对率回归模型的方法。我们动手实现了对率回归分类器，并在点击率数据集上测试之后，又学习了如何用更高级的方法——随机梯度下降来训练对率回归模型，并调整之前的梯度下降算法，在此基础上实现了随机梯度下降算法。我们还练习了如何将 scikit-learn 库的 SGD 对率回归分类器应用到我们的项目。我们继续解决使用对率回归算法可能遇到的问题，其中包括用 L1 和 L2 正则化方法消除过拟合问题，用线上学习方法在大型数据集上训练，以及多分类问题的处理方法。本章最后介绍了随机森林可替代 L1 正则化对率回归用于特征选择。

　　在第 5 章的小结部分,我们提到了另一个点击率预测项目——CriteoLabs 实验室的广告投放竞赛(在 Kaggle 官网中搜索关键词 display advertising challenge)。这种大型广告点击数据集,绝对值得我们使用从本章刚刚学到的具备高扩展性的对率回归分类器处理。

第 7 章
用回归算法预测股价

在本章中，我们解决一个每个人都十分感兴趣的问题——预测股价。巧妙投资，获得财富，谁不想！实际上，大量金融、贸易乃至搞技术的公司，一直在积极研究股市的动作和股价预测。他们开发了多种用机器学习技术预测股价的方法。本章，我们将重点学习线性回归、回归树、回归森林和支持向量回归这几种流行的回归算法，用它们解决这个价值高达数十亿（甚至万亿）美元的问题。

在本章中，我们将深入讲解以下主题。

- 介绍股市和股价。

- 什么是回归？

- 特征工程。

- 获取股票数据，生成预测特征。

- 什么是线性回归？

- 线性回归的原理。

- 实现线性回归。

- 什么是决策树回归？

- 回归树的原理。

- 实现回归树。

- 从回归树到回归森林。

- 什么是支持向量回归？

- 支持向量回归的原理。

- 实现支持向量回归。

- 回归性能评估。

- 用回归算法预测股价。

7.1 股市和股价的简介

公司的股票表示对公司的所有权。股票的份额表示股民对公司资产和收入拥有的所有权的份额。例如，一位股民持有某公司已发行股票 1000 股中的 50 股，那么该股民（或股东）不仅拥有这些股票，还拥有公司 5%的资产和收入。

公司的股票可在股东和其他团体之间，通过股票交易中心和机构交易。主要的股票交易中心有纽约证券交易所、纳斯达克、伦敦证券交易所、上海证券交易所和香港证券交易所。股票交易价格基本上受供求变化的影响而波动。某一时刻，供为公众投资者手中持有的股票数，求为股民想买进的股票数。为了获得和维持平衡，股票的价格起起落落。

通常，股民想低买高卖。听起来很简单，实践起来却相当有挑战，因为很难判断一只股票是涨还是跌。股票研究的两大主流是**基础分析**和**技术分析**，研究者尝试理解导致股票价格变化的因素和条件，甚至预测未来股价走势。

- 基础分析，重点研究影响公司价值和业务的潜在因素。从宏观角度讲，包括整体经济形势和行业环境；从微观角度讲，包含公司的财务状况、管理和竞争对手等。

- 技术分析，则是对价格变化、交易量和市场数据等以往交易活动做统计研究，预测未来价格走势。如今，用机器学习技术预测股票价格，是技术分析领域的重头戏。本章，我们将做一回量化分析师或研究员，探索如何用多种机器学习回归算法预测股价。

7.2 什么是回归

回归（regression）是机器学习领域有监督学习这一大类的另一主要任务。对于给定的包含观测数据和相应的连续型输出值的训练集，回归的任务是探索观测值（亦称特征）和目标值之间的关系，并根据未知样本的输入特征，输出一个连续型值，如图 7-1 所示。

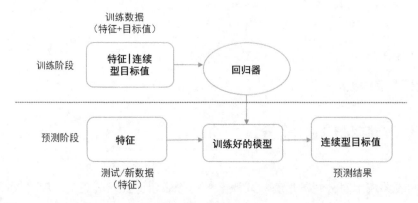

图 7-1　回归任务

回归和分类的主要不同点是，回归的输出是连续型，而分类的输出是离散型。故此，这两种有监督学习方法的应用场景不同。基本而言，分类用于确定所属关系或特性，前几章讲过，比如判断邮件是否属于垃圾邮件，判断新闻话题的类别，预测广告是否被点击等。回归主要是用来估计输出值，或预测有怎样的响应。

机器学习回归任务的例子包括：

- 根据位置、建筑面积、卧室和卫生间的数量，预测房屋价格；
- 根据系统的进程数和内存使用情况，估计电源消耗；
- 零售存货预测；
- 股价预测。

7.3　用回归算法预测股价

理论上讲，我们可以用回归技术预测一只特定股票的价格。然而，我们很难保证挑选的股票适合学习目的——它的价格应该遵从可学习的模式，它不应该被前所未有的情况或非常规事件所影响。因此，我们这里重点关注一种最流行的股票指数，以更好地阐述股价预测这个问题，并归纳出自己的回归方法。

首先，我们讲讲什么是指数。**股票指数**（stock index）是对股票市场一部分股票价格的统计度量。一种指数，包括多只不同的股票，能够代表整个市场的某一部分。一种指数的价格，为所选股票价格的加权平均值。

道琼斯工业指数（DJIA）是历史最悠久也是全球最关注的指数之一。它由美国最重要的 30 只股票组成，比如微软、苹果、通用和迪士尼公司的股票，它大约占据了整个美国股票市场市值的四分之一。我们可以从雅虎财经查看该指数每天的价格和表现，如图 7-2 所示。

Time Period: Dec 21, 2016 - Feb 21, 2017 ⌄ Show: Historical Prices ⌄ Frequency: Daily ⌄ Apply

Currency in USD Download Data

Date	Open	High	Low	Close	Adj Close*	Volume
Feb 21, 2017	20,663.43	20,757.64	20,663.37	20,743.00	20,743.00	336,880,000
Feb 17, 2017	20,564.13	20,624.05	20,532.61	20,624.05	20,624.05	340,620,000
Feb 16, 2017	20,627.31	20,639.87	20,556.83	20,619.77	20,619.77	354,120,000
Feb 15, 2017	20,504.27	20,620.45	20,496.03	20,611.86	20,611.86	384,380,000
Feb 14, 2017	20,374.22	20,504.41	20,374.02	20,504.41	20,504.41	356,580,000
Feb 13, 2017	20,338.54	20,441.48	20,322.95	20,412.16	20,412.16	314,620,000
Feb 10, 2017	20,211.23	20,298.21	20,204.76	20,269.37	20,269.37	312,230,000
Feb 09, 2017	20,061.73	20,206.36	20,061.73	20,172.40	20,172.40	325,310,000
Feb 08, 2017	20,049.29	20,068.28	20,015.33	20,054.34	20,054.34	280,410,000
Feb 07, 2017	20,107.62	20,155.35	20,068.68	20,090.29	20,090.29	279,670,000
Feb 06, 2017	20,025.61	20,094.95	20,002.81	20,052.42	20,052.42	281,720,000
Feb 03, 2017	19,964.21	20,081.48	19,964.21	20,071.46	20,071.46	344,220,000

图 7-2 道琼斯工业指数

每个交易日股价会发生变化，这里都会实时记录。描述单位时间（通常为一天，也可以是一周或一月）股价变动的 5 个数值，是影响交易的关键因素，这 5 个因素如下所示。

- **开盘价**（Open）：交易日开始时股票的价格。
- **收盘价**（Close）：交易日结束时股票的价格。
- **最高价**（High）：交易日，股票成交的最高价。
- **最低价**（Low）：交易日，股票成交的最低价。

- **成交量**（Volume）：交易日收盘前，成交多少股。

除了 DJIA，其他主要的股票指数如下。

- 标准普尔 500 指数（简写为 S&P 500），由在美国交易最频繁的 500 只股票组成，代表了美国股票市场 80% 的市值。

- 纳斯达克综合指数，由在纳斯达克交易的所有股票组成。

- 罗素 2000 指数，由在美国公开交易的、交易量最大的 3000 家公司股票中较小的 2000 只组成。

- 伦敦金融时报 100 指数（FTSE-100），由伦敦证券交易所列出的资本市场 100 强公司的股票组成。

我们将用 DJIA 指数记录的历史价格和表现，来预测该股指未来的价格。在后续几节，我们将探讨如何开发股价预测模型，确切来讲是回归模型，并探讨哪些因素或特征影响会股票交易。

7.3.1　特征工程

实现机器学习算法，摆在我们面前的第一个问题通常是什么特征是可用的，或者具有预测性的变量是什么。要预测 DJIA 未来价格（也就是**收盘价**），驱动价格变化的因素显然有过去和当天的**开盘价**、以往的表现（**最高价**、**最低价**和**成交量**）。请注意，当天或同一天的表现（**最高价**、**最低价**和**成交量**）不应该被包括在内，因为在这一天股市收盘前，我们无法预测当天股票交易的最高价和最低价或总成交量。

仅用这 4 个因素预测股票收盘价看似不太可靠，也许会导致欠拟合问题。因此，我们要考虑怎样增加更多的特征来提高预测能力。在机器学习领域，**特征工程**（feature engineering）是指根据现有特征创造特定领域的特征，以提升机器学习算法的性能。特征工程需要具备充分的领域知识，它的难度可能很大，并且会非常耗时。在实际应用中，解决机器学习问题所需的特征，通常不是直接拿来就能用的，需专门设计和构造，例如，垃圾邮件检测和新闻话题分类所用的词频或词频-逆文档频率。特征工程是机器学习的重要环节，通常也是我们解决实际问题时花费精力最多的一环。

股民进行投资决策时，通常要考察一段时期的历史价格，而不只是前一天的价格。因而，我们要预测股价，可将过去一周（5 个交易日）、一月和一年的平均收盘价作为 3 个新特征。我们还可以将时间窗口定义为我们想要的天数，比如过去一个季度、半年等。在这

3 个平均价格的基础上，我们还可以计算 3 个时间段之中每两组平均价格的比值，生成反映价格走势的新特征。例如，过去一周和过去一年平均股价的比值。除去价格，成交量是股民分析股票走势的另一重要因素。我们按照类似的方式，计算几个不同时间段的平均成交量和成交量两两之间的比值，生成反映成交量的特征。

　　股民不仅关注一个时间窗口几个历史交易数据的平均数，还非常关注股票波动率。波动率描述的是一只股票或股指随时间的发展价格变化的幅度。用统计学术语讲，它基本上是收盘价的标准差。计算特定时间窗口收盘价和成交量的标准差，我们很容易就能生成几组新特征。我们还可像前面那样，将不同时间段标准差的比值纳入我们的特征池中。

　　最后一点也很重要，股票的收益率（return）是股民密切关注的一个重要金融指标。收益率是指一只股票或一种股指在特定时间段内收获或损失占收盘价的百分比。例如，日收益率和年收益率是我们耳熟能详的两个金融术语。它们的计算方式如下：

$$\text{return}_{i:i-1} = \frac{\text{price}_i - \text{price}_{i-1}}{\text{price}_{i-1}}$$

$$\text{return}_{i:i-365} = \frac{\text{price}_i - \text{price}_{i-365}}{\text{price}_{i-365}}$$

　　其中，price_i 为第 i 天的价格，$price_{i-1}$ 为前一天的价格。周和月收益率的计算方法类似。根据每天的收益率，我们可以计算出一段时间内的移动平均值（moving average）。例如，给定过去一周的日收益率 $\text{return}_{i:i-1}$、$\text{return}_{i-1:i-2}$、$\text{return}_{i-2:i-3}$、$\text{return}_{i-3:i-4}$ 和 $\text{return}_{i-4:i-5}$，过去一周的移动平均值计算方式如下：

$$\text{MovingAvg}_{i\_5}$$
$$= \frac{(\text{return}_{i:i-1} + \text{return}_{i-1:i-2} + \text{return}_{i-2:i-3} + \text{return}_{i-3:i-4} + \text{return}_{i-4:i-5})}{5}$$

　　综上所述，我们可以利用特征工程技术，生成以下预测变量：

- 过去 5 天的平均收盘价 AvgPrice_5；

- 过去一月的平均收盘价 AvgPrice_{30}；

- 过去一年的平均收盘价 AvgPrice_{365}；

- 过去 5 天和一月平均价格的比值 $\dfrac{\text{AvgPrice}_5}{\text{AvgPrice}_{30}}$；

- 过去 5 天和一年平均价格的比值 $\dfrac{\text{AvgPrice}_5}{\text{AvgPrice}_{365}}$；

- 过去一月和一年平均价格的比值 $\dfrac{\text{AvgPrice}_{30}}{\text{AvgPrice}_{365}}$；

- 过去 5 天的平均成交量 AvgVolume_5；

- 过去一月的平均成交量 AvgVolume_{30}；

- 过去一年的平均成交量 AvgVolume_{365}；

- 过去 5 天和一月平均成交量的比值 $\dfrac{\text{AvgVolume}_5}{\text{AvgVolume}_{30}}$；

- 过去 5 天和一年平均成交量的比值 $\dfrac{\text{AvgVolume}_5}{\text{AvgVolume}_{365}}$；

- 过去一月和一年平均成交量的比值 $\dfrac{\text{AvgVolume}_{30}}{\text{AvgVolume}_{365}}$；

- 过去 5 天收盘价的标准差 StdPrice_5；

- 过去一月收盘价的标准差 StdPrice_{30}；

- 过去一年收盘价的标准差 StdPrice_{365}；

- 过去 5 天和一月收盘价标准差的比值 $\dfrac{\text{StdPrice}_5}{\text{StdPrice}_{30}}$；

- 过去 5 天和一年收盘价标准差的比值 $\dfrac{\text{StdPrice}_5}{\text{StdPrice}_{365}}$；

- 过去一月和一年收盘价标准差的比值 $\dfrac{\text{StdPrice}_{30}}{\text{StdPrice}_{365}}$；

- 过去 5 天成交量的标准差 StdVolume_5；

- 过去一月成交量的标准差 StdVolume_{30}；

- 过去一年成交量的标准差 StdVolume_{365}；

- 过去 5 天和一月成交量标准差的比值 $\dfrac{\text{StdVolume}_5}{\text{StdVolume}_{30}}$；

- 过去 5 天和一年成交量标准差的比值 $\dfrac{\text{StdVolume}_5}{\text{StdVolume}_{365}}$；

- 过去一月和一年成交量标准差的比值 $\dfrac{\text{StdVolume}_{30}}{\text{StdVolume}_{365}}$；

- 过去一天的日收益率 $\text{return}_{i:i-1}$；

- 过去 5 天的周[①]收益率 $\text{return}_{i:i-5}$；

- 过去一月的月收益率 $\text{return}_{i:i-30}$；

- 过去一年的年收益率 $\text{return}_{i:i-365}$；

- 过去 5 天的日收益率的移动平均值 MovingAvg_{i_5}；

- 过去一月的日收益率的移动平均值 MovingAvg_{i_30}；

- 过去一年的日收益率的移动平均值 MovingAvg_{i_365}。

最终，我们可生成 31 个特征，再加 6 个原有特征：

- 开盘价 OpenPrice_i；

- 前一天的开盘价 OpenPrice_{i-1}；

- 前一天的收盘价 ClosePrice_{i-1}；

- 前一天的最高价 HighPrice_{i-1}；

- 前一天的最低价 LowPrice_{i-1}；

- 前一天的成交量 Volume_{i-1}。

7.3.2　数据获取和特征生成

本节我们编写生成特征的代码。首先，获取股价预测项目所需数据。

---

① 每周有 5 个交易日。——译者注

我们整个项目都是用 Quandl Python API 获取股价指数及其市场表现的数据的。Quandl 提供一些免费的金融、经济和股票市场数据。在 Python 包中 Quandl 免费，可在终端或 shell 中运行命令 pip install quandl 下载、安装。然后，用以下语句导入：

```
>>> import quandl
```

用 get 方法指定股票/指数编码和起止时间，可加载股指价格和市场表现数据，例如[1]：

```
>>> mydata = quandl.get("YAHOO/INDEX_DJI", start_date="2005-12-01",
end_date="2005-12-05")
>>> mydata
                   Open           High            Low          Close
Date
2005-12-01  10806.030273   10934.900391   10806.030273   10912.570312
2005-12-02  10912.009766   10921.370117   10861.660156   10877.509766
2005-12-05  10876.950195   10876.950195   10810.669922   10835.009766
2005-12-06  10835.410156   10936.200195   10835.410156   10856.860352
2005-12-07  10856.860352   10868.059570   10764.009766   10810.910156
2005-12-08  10808.429688   10847.250000   10729.669922   10755.120117
2005-12-09  10751.759766   10805.950195   10729.910156   10778.580078

                 Volume   Adjusted  Close
Date
2005-12-01   256980000.0   10912.570312
2005-12-02   214900000.0   10877.509766
2005-12-05   237340000.0   10835.009766
2005-12-06   264630000.0   10856.860352
2005-12-07   243490000.0   10810.910156
2005-12-08   253290000.0   10755.120117
2005-12-09   238930000.0   10778.580078
```

请注意，上面输出的是 pandas 的 DataFrame 对象。Date 列为索引列，其余列是相应的金融变量。Python 的 pandas 包功能强大，能够简化关系型或表格类型的数据分析工作。pandas 可用 pip install pandas 命令安装。

生成特征之前，还有一件事要说明：建议你注册一个免费的 Quandl 账号，将我们自己的授权令牌（令牌在账号的下面）添加到查询词中。否则，每天只能发起不到 50 次调用。

---

① YAHOO/INDEX_DJI 数据集疑似不再开放。使用 YAHOO/INDEX_DJI，提示该 Quandl 编码错误。换用巴西央行统计数据库的编码 BCB/UDJIAD1，只返回一列股票价格。——译者注

从 Quandl 获取数据的所有代码，我们将其封装成一个函数（记得替换 authtoken）：

```
>>> authtoken = 'XXX'
>>> def get_data_quandl(symbol, start_date, end_date):
...         data = quandl.get(symbol, start_date=start_date,
                              end_date=end_date, authtoken=authtoken)
...         return data
```

接着，实现一个函数来生成特征：

```
>>> def generate_features(df):
...     """ Generate features for a stock/index based on
            historical price and performance
...     Args:
...         df (dataframe with columns "Open", "Close", "High",
                "Low", "Volume", "Adjusted Close")
...     Returns:
...         dataframe, data set with new features
...     """
...     df_new = pd.DataFrame()
...     # 6 original features
...     df_new['open'] = df['Open']
...     df_new['open_1'] = df['Open'].shift(1)
...     # Shift index by 1, in order to take the value of previous
         day. For example, [1, 3, 4, 2] -> [N/A, 1, 3, 4]

...     df_new['close_1'] = df['Close'].shift(1)
...     df_new['high_1'] = df['High'].shift(1)
...     df_new['low_1'] = df['Low'].shift(1)
...     df_new['volume_1'] = df['Volume'].shift(1)
...     # 31 original features
...     # average price
...     df_new['avg_price_5'] = pd.rolling_mean(df['Close'],
                                                window=5).shift(1)
         # rolling_mean calculates the moving average given a
           window. For example, [1, 2, 1, 4, 3, 2, 1, 4]
         -> [N/A, N/A, N/A, N/A, 2.2, 2.4, 2.2, 2.8]
...     df_new['avg_price_30'] = pd.rolling_mean(df['Close'],
                                                 window=21).shift(1)
...     df_new['avg_price_365'] = pd.rolling_mean(df['Close'],
                                                  window=252).shift(1)
...     df_new['ratio_avg_price_5_30'] =
```

```
                        df_new['avg_price_5'] / df_new['avg_price_30']
...        df_new['ratio_avg_price_5_365'] =
                        df_new['avg_price_5'] / df_new['avg_price_365']
...        df_new['ratio_avg_price_30_365'] =
                        df_new['avg_price_30'] / df_new['avg_price_365']
...        # average volume
...        df_new['avg_volume_5'] =
                        pd.rolling_mean(df['Volume'], window=5).shift(1)
...        df_new['avg_volume_30'] =
                        pd.rolling_mean(df['Volume'], window=21).shift(1)
...        df_new['avg_volume_365'] =
                        pd.rolling_mean(df['Volume'], window=252).shift(1)
...        df_new['ratio_avg_volume_5_30'] =
                        df_new['avg_volume_5'] / df_new['avg_volume_30']
...        df_new['ratio_avg_volume_5_365'] =
                        df_new['avg_volume_5'] / df_new['avg_volume_365']
...        df_new['ratio_avg_volume_30_365'] =
                        df_new['avg_volume_30'] / df_new['avg_volume_365']
...        # standard deviation of prices
...        df_new['std_price_5'] =
                        pd.rolling_std(df['Close'], window=5).shift(1)
        # rolling_mean calculates the moving standard deviation
          given a window
...        df_new['std_price_30'] =
                        pd.rolling_std(df['Close'], window=21).shift(1)
...        df_new['std_price_365'] =
                        pd.rolling_std(df['Close'], window=252).shift(1)
...        df_new['ratio_std_price_5_30'] =
                        df_new['std_price_5'] / df_new['std_price_30']
...        df_new['ratio_std_price_5_365'] =
                        df_new['std_price_5'] / df_new['std_price_365']
...        df_new['ratio_std_price_30_365'] =
                        df_new['std_price_30'] / df_new['std_price_365']
...        # standard deviation of volumes
...        df_new['std_volume_5'] =
                        pd.rolling_std(df['Volume'], window=5).shift(1)
...        df_new['std_volume_30'] =
                        pd.rolling_std(df['Volume'], window=21).shift(1)
...        df_new['std_volume_365'] =
                        pd.rolling_std(df['Volume'], window=252).shift(1)
...        df_new['ratio_std_volume_5_30'] =
                        df_new['std_volume_5'] / df_new['std_volume_30']
...        df_new['ratio_std_volume_5_365'] =
                        df_new['std_volume_5'] / df_new['std_volume_365']
```

```
...      df_new['ratio_std_volume_30_365'] =
                df_new['std_volume_30'] / df_new['std_volume_365']
...      # return
...      df_new['return_1'] = ((df['Close'] - df['Close'].shift(1))
                        / df['Close'].shift(1)).shift(1)
...      df_new['return_5'] = ((df['Close'] - df['Close'].shift(5))
                        / df['Close'].shift(5)).shift(1)
...      df_new['return_30'] = ((df['Close'] -
            df['Close'].shift(21)) / df['Close'].shift(21)).shift(1)
...      df_new['return_365'] = ((df['Close'] -
            df['Close'].shift(252)) / df['Close'].shift(252)).shift(1)
...      df_new['moving_avg_5'] =
                    pd.rolling_mean(df_new['return_1'], window=5)
...      df_new['moving_avg_30'] =
                    pd.rolling_mean(df_new['return_1'], window=21)
...      df_new['moving_avg_365'] =
                    pd.rolling_mean(df_new['return_1'], window=252)
...      # the target
...      df_new['close'] = df['Close']
...      df_new = df_new.dropna(axis=0)
         # This will drop rows with any N/A value, which is byproduct
         of moving average/std.
...      return df_new
```

你也许注意到，时间窗口大小设为 5、21 和 252，而不是用 7、30 和 365 来表示周、月和年的时间窗口。这是因为一年有 252（四舍五入）个交易日，一月有 21 个，一周有 5 个。

我们采用以上特征工程策略，为查询到的 2001 到 2014 年的 DJIA 数据生成新特征：

```
>>> symbol = 'YAHOO/INDEX_DJI'
>>> start = '2001-01-01'
>>> end = '2014-12-31'
>>> data_raw = get_data_quandl(symbol, start, end)
>>> data = generate_features(data_raw)
```

看一看加入新特征的数据长什么样：

```
>>> data.round(decimals=3).head(3)
              open    open_1   close_1   high_1    low_1     volume_1 \
Date
2002-01-09  10153.18  10195.76  10150.55  10211.23  10121.35  193640000.0
2002-01-10  10092.50  10153.18  10094.09  10270.88  10069.45  247850000.0
2002-01-11  10069.52  10092.50  10067.86  10101.77  10032.23  199300000.0
```

	avg_price_5	avg_price_30	avg_price_365	ratio_avg_price_5_30
Date				
2002-01-09	10170.576	10027.585	10206.367	1.014
2002-01-10	10174.714	10029.710	10202.987	1.014
2002-01-11	10153.858	10036.682	10199.636	1.012

	...	ratio_std_volume_5_365	ratio_std_volume_30_365	\
Date	...			
2002-01-09	...	0.471	0.968	
2002-01-10	...	0.446	0.988	
2002-01-11	...	0.361	0.995	

	return_1	return_5	return_30	return_365	moving_avg_5	\
Date						
2002-01-09	-0.005	0.013	0.005	-0.047	0.003	
2002-01-10	-0.006	0.002	0.004	-0.078	0.000	
2002-01-11	-0.003	-0.010	0.015	-0.077	-0.002	

	moving_avg_30	moving_avg_365	close
Date			
2002-01-09	0.000	-0.0	10094.09
2002-01-10	0.000	-0.0	10067.86
2002-01-11	0.001	-0.0	9987.53

[3 rows x 38 columns]

7.3.3 线性回归

所有特征和驱动股指变动的因素都已准备妥当，我们现在就把重点放在回归算法上，利用这些预测特征来估计连续型目标变量的取值。

我们首先想到的是线性回归算法。它探索观测值和目标变量之间的线性关系，并用线性方程或加权和函数来表示。给定样本 x，它有 n 个特征 $x_1, x_2, \cdots, x_n$（x 表示特征向量，$x = (x_1, x_2, \ldots, x_n)$）和线性回归模型的**权值**（亦称**系数**）w（w 表示向量 $(w_1, w_2, \cdots, w_n)$）。目标变量 y 可表示为：

$$y = w_1 x_1 + w_2 x_2 + \cdots + w_n x_n = w^\mathrm{T} x$$

或者，有时线性回归模型还含有**截距**（亦称**偏差**）w_0，加入该项后，上述线性关系变为：

$$y = w_0 + w_1 x_1 + w_2 x_2 + \cdots + w_n x_n = w^\mathrm{T} x$$

有没有似曾相识的感觉？第 6 章的对率回归只是在线性回归基础上作了对率变换，将连续型权值的和映射到 0（负类）或 1（正类）。

类似地，线性回归模型，确切来讲，它的权值向量 w 是从训练数据学到的，以最小化用**均方误差**（MSE）定义的估计误差作为训练目标，均方误差度量的是真值和预测值误差平方和的均值。给定 m 个训练样本 $(x^{(1)}, y^{(1)})$，$(x^{(2)}, y^{(2)})$，$\cdots$，$(x^{(i)}, y^{(i)})$，$\cdots$，$(x^{(m)}, y^{(m)})$，损失函数 $J(w)$ 是关于要优化的权值的函数。损失函数的定义如下：

$$J(w) = \frac{1}{m} \sum_{i=1}^{m} \frac{1}{2} (\hat{y}(x^{(i)}) - y^{(i)})^2$$

其中，
$$\hat{y}(x^{(i)}) = w^{\mathrm{T}} x^{(i)} \text{。}$$

我们再次使用梯度下降方法，获得使 $J(w)$ 最小化的最优 w。求一阶导数，得到梯度 Δw：

$$\Delta w = \frac{1}{m} \sum_{i=1}^{m} (-y^{(i)} + \hat{y}(x^{(i)})) x^{(i)}$$

整合进梯度和学习率 η，每一步的权值向量 w 都可按如下方式更新：

$$w := w + \eta \frac{1}{m} \sum_{i=1}^{m} (y^{(i)} - \hat{y}(x^{(i)})) x^{(i)}$$

经过多轮迭代之后，用学习到的 w 预测新样本 x'：

$$y' = w^{\mathrm{T}} x'$$

对采用梯度下降方法的线性回归有了透彻理解之后，我们接下来从头实现该算法。

首先，定义一个函数，用当前的权值计算预测值 $\hat{y}(x)$：

```
>>> def compute_prediction(X, weights):
...     """ Compute the prediction y_hat based on current weights
...     Args:
...         X (numpy.ndarray)
...         weights (numpy.ndarray)
...     Returns:
...         numpy.ndarray, y_hat of X under weights
...     """
...     predictions = np.dot(X, weights)
...     return predictions
```

接着，以梯度下降方式来更新权值 w，函数代码如下：

```
>>> def update_weights_gd(X_train, y_train, weights,
                                        learning_rate):
...     """ Update weights by one step
...         Args:
```

```
...          X_train, y_train (numpy.ndarray, training data set)
...          weights (numpy.ndarray)
...          learning_rate (float)
...      Returns:
...          numpy.ndarray, updated weights
...      """
...      predictions = compute_prediction(X_train, weights)
...      weights_delta = np.dot(X_train.T, y_train - predictions)
...      m = y_train.shape[0]
...      weights += learning_rate / float(m) * weights_delta
...      return weights
```

定义计算损失的函数 $J(w)$：

```
>>> def compute_cost(X, y, weights):
...      """ Compute the cost J(w)
...      Args:
...          X, y (numpy.ndarray, data set)
...          weights (numpy.ndarray)
...      Returns:
...          float
...      """
...      predictions = compute_prediction(X, weights)
...      cost = np.mean((predictions - y) ** 2 / 2.0)
...      return cost
```

现在，用模型训练函数将以上所有函数串起来。在每一轮迭代中更新权值向量。每 100 轮（也可以是其他任意值）输出当前的损失，以确保损失在下降，确保程序按照我们的预期运行：

```
>>> def train_linear_regression(X_train, y_train, max_iter,
                                learning_rate, fit_intercept=False):
...      """ Train a linear regression model with gradient descent
...      Args:
...          X_train, y_train (numpy.ndarray, training data set)
...          max_iter (int, number of iterations)
...          learning_rate (float)
...          fit_intercept (bool, with an intercept w0 or not)
...      Returns:
...          numpy.ndarray, learned weights
...          """
...          if fit_intercept:
```

```
...              intercept = np.ones((X_train.shape[0], 1))
...              X_train = np.hstack((intercept, X_train))
...          weights = np.zeros(X_train.shape[1])
...          for iteration in range(max_iter):
...              weights = update_weights_gd(X_train, y_train,
                                            weights, learning_rate)
...          # Check the cost for every 100 (for example)
                iterations
...          if iteration % 100 == 0:
...              print(compute_cost(X_train, y_train, weights))
...      return weights
```

最后，用训练得到的模型预测新样本，并返回预测值：

```
>>> def predict(X, weights):
...      if X.shape[1] == weights.shape[0] - 1:
...          intercept = np.ones((X.shape[0], 1))
...          X = np.hstack((intercept, X))
...      return compute_prediction(X, weights)
```

如上所见，线性回归的实现方法与对率回归非常类似。我们用一个简单的例子来检验线性回归算法：

```
>>> X_train = np.array([[6], [2], [3], [4], [1],
                        [5], [2], [6], [4], [7]])
>>> y_train = np.array([5.5, 1.6, 2.2, 3.7, 0.8,
                        5.2, 1.5, 5.3, 4.4, 6.8])
```

训练一个线性回归模型，迭代 100 轮，学习率设为 0.01，权值包含了截距项：

```
>>> weights = train_linear_regression(X_train, y_train,
            max_iter=100, learning_rate=0.01, fit_intercept=True)
```

在新样本上检验模型的性能：

```
>>> X_test = np.array([[1.3], [3.5], [5.2], [2.8]])
>>> predictions = predict(X_test, weights)
>>> import matplotlib.pyplot as plt
>>> plt.scatter(X_train[:, 0], y_train, marker='o', c='b')
>>> plt.scatter(X_test[:, 0], predictions, marker='*', c='k')
>>> plt.xlabel('x')
>>> plt.ylabel('y')
>>> plt.show()
```

生成的图像如图 7-3 所示。

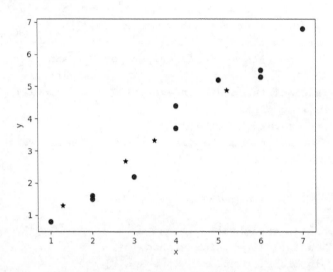

图 7-3 线性回归模型的预测结果

我们训练的模型能正确预测新样本（图 7-3 中的小星星）。

现在试试另一个数据集——scikit-learn 库中的 diabetes（糖尿病）数据集：

```
>>> from sklearn import datasets
>>> diabetes = datasets.load_diabetes()
>>> print(diabetes.data.shape)
(442, 10)
>>> num_test = 30    # the last 30 samples as testing set
>>> X_train = diabetes.data[:-num_test, :]
>>> y_train = diabetes.target[:-num_test]
```

训练一个线性回归模型，迭代 5000 轮，学习率设为 1，权值包含截距项（每 500 轮输出当前的损失）：

```
>>> weights = train_linear_regression(X_train, y_train,
            max_iter=5000, learning_rate=1, fit_intercept=True)
2960.1229915
1539.55080927
1487.02495658
1480.27644342
1479.01567047
1478.57496091
```

```
1478.29639883
1478.06282572
1477.84756968
1477.64304737
>>> X_test = diabetes.data[-num_test:, :]
>>> y_test = diabetes.target[-num_test:]
>>> predictions = predict(X_test, weights)
>>> print(predictions)
[ 232.22305668  123.87481969  166.12805033  170.23901231
  228.12868839  154.95746522  101.09058779   87.33631249
  143.68332296  190.29353122  198.00676871  149.63039042
  169.56066651  109.01983998  161.98477191  133.00870377
  260.1831988   101.52551082  115.76677836  120.7338523
  219.62602446   62.21227353  136.29989073  122.27908721
   55.14492975  191.50339388  105.685612    126.25915035
  208.99755875   47.66517424]
>>> print(y_test)
[ 261.  113.  131.  174.  257.   55.   84.   42.  146.  212.  233.
   91.  111.  152.  120.   67.  310.   94.  183.   66.  173.   72.
   49.   64.   48.  178.  104.  132.  220.   57.]
```

预测结果非常接近实际值。

到目前为止，我们一直在用梯度下降方法优化权值，但是正如对率回归，线性回归也可以用随机梯度下降。只要将 update_weights_gd 函数替换为我们在第 6 章定义的 update_weights_sgd 函数即可。

我们也可以直接使用 scikit-learn 库的基于 SGD 的回归算法 SGDRegressor：

```
>>> from sklearn.linear_model import SGDRegressor
>>> regressor = SGDRegressor(loss='squared_loss', penalty='l2',
    alpha=0.0001, learning_rate='constant', eta0=0.01, n_iter=1000)
```

将参数 loss 设为'squared_loss'，表示损失函数为平方误差。penalty 为正则化方法，与第 6 章的做法类似，我们可以不用正则化，也可以使用 L1、L2 正则化，以降低过拟合。n_iter 为迭代的轮数，剩余两个参数表示学习率为 0.01，且在训练过程保持不变。训练模型，输出模型在测试集上的预测结果：

```
>>> regressor.fit(X_train, y_train)
>>> predictions = regressor.predict(X_test)
>>> print(predictions)
[ 231.03333725  124.94418254  168.20510142  170.7056729
```

```
226.52019503    154.85011364    103.82492496     89.376184
145.69862538    190.89270871    197.0996725     151.46200981
170.12673917    108.50103463    164.35815989    134.10002755
259.29203744    103.09764563    117.6254098     122.24330421
219.0996765      65.40121381    137.46448687    123.25363156
 57.34965405    191.0600674     109.21594994    128.29546226
207.09606669     51.10475455]
```

7.3.4 决策树回归

学完线性回归，我们再来学习下一个回归算法——**决策树回归**（decision tree regression），该算法也称为**回归树**（regression tree）。

分类问题是以递归的方式将每个节点划为左右两个子节点来构造决策树的。在得到的每个划分上，贪婪搜索最显著的特征及特征值的组合，并以此作为最佳划分点。用两个子节点标签的不纯度的加权和来度量划分的质量，确切讲是用基尼不纯度或信息增益来度量。在回归问题中，决策树的构造过程与分类问题的构造过程几乎完全相同，但因目标值变为连续型，所以回归树的构造有两个不同点。

- 划分点质量由两个子节点的加权均方误差（MSE）来度量；一个子节点的 MSE 等价于所有目标值的方差，加权 MSE 越小，划分质量越好。

- 终止节点中所有目标值的均值为叶子节点，而不像分类树那样将标签的众数作为叶子节点。

为了确保读者能够理解回归树，我们借助房价预估的小例子来理解该算法，如表 7-1 所示。

表 7-1 房价数据集

类型	卧室数量/个	价格/万
半独立式住宅	3	60
独立式住宅	2	70
独立式住宅	3	80
半独立式住宅	2	40
半独立式住宅	4	70

首先，定义计算 MSE 和加权 MSE 的函数，后面的计算过程会用到：

```
>>> def mse(targets):
...     # When the set is empty
...     if targets.size == 0:
...         return 0
...     return np.var(targets)
>>> def weighted_mse(groups):
...     """ Calculate weighted MSE of children after a split
...     Args:
...       groups (list of children, and a child consists a list of targets)
...     Returns:
...       float, weighted impurity
...     """
...     total = sum(len(group) for group in groups)
...     weighted_sum = 0.0
...     for group in groups:
...         weighted_sum += len(group) / float(total) * mse(group)
...     return weighted_sum
We then test things out:
>>> print('{0:.4f}'.format(mse(np.array([1, 2, 3]))) )
0.6667
>>> print('{0:.4f}'.format(weighted_mse([np.array([1, 2, 3]),
        np.array([1, 2])])))
0.5000
```

要构造房价回归树，我们先找出所有可能的特征和特征值的组合，然后计算它们的 MSE。

- MSE(类型，半独立式住宅) = `weighted_mse([[600, 400, 700], [700, 800]])` = 10 333。

- MSE(卧室，2) = `weighted_mse([[700, 400], [600, 800, 700]])` = 13 000。

- MSE(卧室，3) = `weighted_mse([[600, 800], [700, 400, 700]])` = 16 000。

- MSE(卧室，4) = `weighted_mse([[700], [600, 700, 800, 400]])` = 17 500。

特征和特征值组合（类型，半独立式的住宅）的 MSE 最小，于是，我们将其作为根节点划分数据，如图 7-4 所示。

如果我们满足于一层深的回归树，我们就可以停在这里，将两个分支各自所包含样本目标值的均值作为叶子节点的值返回。此外，我们也可继续在右分支上构造第二层（左分支无法继续划分）。

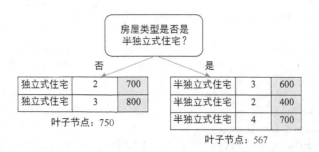

图 7-4 找到根节点并划分数据集

- MSE(卧室，2) = `weighted_mse([[], [600, 400, 700]])` = 15 556。

- MSE(卧室，3) = `weighted_mse([[400], [600, 700]])` = 1667。

- MSE(卧室，4) = `weighted_mse([[400, 600], [700]])` = 6667。

特征和特征值组合（卧室，3）的 MSE 最小，第二个划分点就选该组合，我们的回归树如图 7-5 所示。

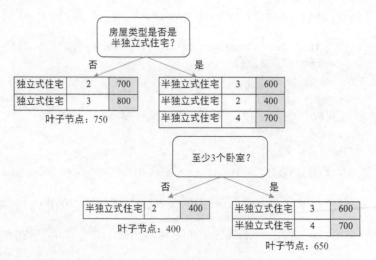

图 7-5 构造回归树的第二层

我们分别为两个分支分配叶子节点，完成了回归树构造。我们清楚了回归树的构造过程之后，该编写代码实现它了！下面这个功能函数根据一组特征和特征值，将一个节点的多个样本划分为左右分支，它的实现方式与第 5 章的完全相同。

```
>>> def split_node(X, y, index, value):
...   """ Split data set X, y based on a feature and a value
```

```
...  Args:
...    X, y (numpy.ndarray, data set)
...    index (int, index of the feature used for splitting)
...    value (value of the feature used for splitting)
...  Returns:
...    list, list: left and right child, a child is in the
   format of [X, y]
...  """
...  x_index = X[:, index]
...  # if this feature is numerical
...  if type(X[0, index]) in [int, float]:
...   mask = x_index >= value
...  # if this feature is categorical
...  else:
...   mask = x_index == value
...  # split into left and right child
...  left = [X[~mask, :], y[~mask]]
...  right = [X[mask, :], y[mask]]
...  return left, right
```

接着，定义贪婪搜索函数，尝试所有可能的划分点，返回最小的加权 MSE：

```
>>> def get_best_split(X, y):
...     """ Obtain the best splitting point and resulting children
   for the data set X, y
...     Args:
...       X, y (numpy.ndarray, data set)
...       criterion (gini or entropy)
...     Returns:
...       dict {index: index of the feature, value: feature
      value, children: left and right children}
...     """
...     best_index, best_value, best_score, children =
         None, None, 1e10, None
...     for index in range(len(X[0])):
...      for value in np.sort(np.unique(X[:, index])):
...       groups = split_node(X, y, index, value)
...       impurity = weighted_mse([groups[0][1],
          groups[1][1]])
...        if impurity < best_score:
...         best_index, best_value, best_score, children =
         index, value, impurity, groups
...     return {'index': best_index, 'value': best_value, 'children': children}
```

以递归的方式在所有子节点上应用上述选择和划分操作。当一个停止条件满足后，停止对节点的操作，然后将该节点样本目标值的均值赋给终止节点：

```
>>> def get_leaf(targets):
...     # Obtain the leaf as the mean of the targets
...     return np.mean(targets)
```

最后，split 递归函数将以上函数串联在一起，检查停止条件是否满足，如满足则执行赋值操作，如不满足，则进一步划分：

```
>>> def split(node, max_depth, min_size, depth):
...     """ Split children of a node to construct new nodes or assign them
terminals
...     Args:
...         node (dict, with children info)
...         max_depth (int, maximal depth of the tree)
...         min_size (int, minimal samples required to further
...                     split a child)
...         depth (int, current depth of the node)
...     """
...     left, right = node['children']
...     del (node['children'])
...     if left[1].size == 0:
...         node['right'] = get_leaf(right[1])
...         return
...     if right[1].size == 0:
...         node['left'] = get_leaf(left[1])
...         return
...     # Check if the current depth exceeds the maximal depth
...     if depth >= max_depth:
...         node['left'], node['right'] =
...                     get_leaf(left[1]), get_leaf(right[1])
...         return
...     # Check if the left child has enough samples
...     if left[1].size <= min_size:
...         node['left'] = get_leaf(left[1])
...     else:
...         # It has enough samples, we further split it
...         result = get_best_split(left[0], left[1])
...         result_left, result_right = result['children']
...         if result_left[1].size == 0:
...             node['left'] = get_leaf(result_right[1])
```

```
...             elif result_right[1].size == 0:
...                 node['left'] = get_leaf(result_left[1])
...             else:
...                 node['left'] = result
...                 split(node['left'], max_depth, min_size,
...                                             depth + 1)
...         # Check if the right child has enough samples
...         if right[1].size <= min_size:
...             node['right'] = get_leaf(right[1])
...         else:
...             # It has enough samples, we further split it
...             result = get_best_split(right[0], right[1])
...             result_left, result_right = result['children']
...             if result_left[1].size == 0:
...                 node['right'] = get_leaf(result_right[1])
...             elif result_right[1].size == 0:
...                 node['right'] = get_leaf(result_left[1])
...             else:
...                 node['right'] = result
...                 split(node['right'], max_depth, min_size,
...                                             depth + 1)
```

我们还得实现回归树构造过程的入口：

```
>>> def train_tree(X_train, y_train, max_depth, min_size):
...     """ Construction of a tree starts here
...     Args:
...         X_train, y_train (list, list, training data)
...         max_depth (int, maximal depth of the tree)
...         min_size (int, minimal samples required to further
...                     split a child)
...     """
...     root = get_best_split(X_train, y_train)
...     split(root, max_depth, min_size, 1)
...     return root
```

现在，用前面手动计算过的例子测试我们刚实现的回归树算法：

```
>>> X_train = np.array([['semi', 3],
...                     ['detached', 2],
...                     ['detached', 3],
...                     ['semi', 2],
...                     ['semi', 4]], dtype=object)
```

```
>>> y_train = np.array([600, 700, 800, 400, 700])
>>> tree = train_tree(X_train, y_train, 2, 2)
```

为了证实训练的回归树与我们刚刚手动实现的结果相同，编写一个函数来展示该树：

```
>>> CONDITION = {'numerical': {'yes': '>=', 'no': '<'},
...              'categorical': {'yes': 'is', 'no': 'is not'}}
>>> def visualize_tree(node, depth=0):
...     if isinstance(node, dict):
...         if type(node['value']) in [int, float]:
...             condition = CONDITION['numerical']
...         else:
...             condition = CONDITION['categorical']
...         print('{}|- X{} {} {}'.format(depth * ' ',
...             node['index'] + 1, condition['no'], node['value']))
...         if 'left' in node:
...             visualize_tree(node['left'], depth + 1)
...         print('{}|- X{} {} {}'.format(depth * ' ',
...             node['index'] + 1, condition['yes'], node['value']))
...         if 'right' in node:
...             visualize_tree(node['right'], depth + 1)
...     else:
...         print('{}[{}]'.format(depth * ' ', node))
>>> visualize_tree(tree)
|- X1 is not detached
  |- X2 < 3
     [400.0]
  |- X2 >= 3
     [650.0]
|- X1 is detached
   [750.0]
```

从头实现回归树后，我们对其有了更深刻的理解。现在，我们可直接用 scikit-learn 库的 DecisionTreeRegressor 包来预测波士顿的房价：

```
>>> boston = datasets.load_boston()
>>> num_test = 10    # the last 10 samples as testing set
>>> X_train = boston.data[:-num_test, :]
>>> y_train = boston.target[:-num_test]
>>> X_test = boston.data[-num_test:, :]
>>> y_test = boston.target[-num_test:]
```

```
>>> from sklearn.tree import DecisionTreeRegressor
>>> regressor = DecisionTreeRegressor(max_depth=10, min_samples_split=3)
>>> regressor.fit(X_train, y_train)
>>> predictions = regressor.predict(X_test)
>>> print(predictions)
[ 18.92727273  20.9         20.9         18.92727273 20.9
  26.6         20.73076923  24.3         28.2        20.73076923]
```

比较预测值和实际值：

```
>>> print(y_test)
[ 19.7  18.3  21.2  17.5  16.8  22.4  20.6  23.9  22.   11.9]
```

第 5 章介绍了随机森林这种集成学习方法，它整合多棵决策树的预测结果，生成最终结果。这些树单独训练，每棵树的每个节点随机从训练特征中采样。在分类问题中，随机森林以所有树分类结果的众数作为最终分类结果。在回归问题中，**随机森林回归模型**（亦称**回归森林**）以所有决策树回归结果的均值作为最终结果。

我们用 scikit-learn 的回归森林包 RandomForestRegressor 来预测波士顿房价：

```
>>> from sklearn.ensemble import RandomForestRegressor
>>> regressor = RandomForestRegressor(n_estimators=100, max_depth=10,
min_samples_split=3)
>>> regressor.fit(X_train, y_train)
>>> predictions = regressor.predict(X_test)
>>> print(predictions)
[ 19.34404351  20.93928947  21.66535354  19.99581433  20.873871
  25.52030056  21.33196685  28.34961905  27.54088571  21.32508585]
```

7.3.5 支持向量回归

我们想探索的第三种回归算法是**支持向量回归**（Support Vector Regression，**SVR**）。顾名思义，SVR 是支持向量家族的一员，它是我们在第 4 章学到的**支持向量分类**（SVC）的亲兄弟。

简要回顾一下，SVC 寻找最优超平面，该超平面以最好的方式将不同类别分隔开。假如超平面由斜率向量 w 和截距 b 确定，我们要找的最优超平面可以使得每个分隔出来的空间中距离超平面最近的点到超平面的距离（可表示为 $\frac{1}{\|w\|}$）最大化。使距离最大化的 w 和

b，可通过求解以下最优化问题得到：

- 最小化 $\|w\|$；

- 约束条件是，给定训练集 $(x^{(1)}, y^{(1)})$，$(x^{(2)}, y^{(2)}), \cdots, (x^{(i)}, y^{(i)}), \cdots, (x^{(m)}, y^{(m)})$，若 $y^{(i)} = 1$，$wx^{(i)} + b \geqslant 1$ 和若 $y^{(i)} = -1$，$wx^{(i)} + b \leqslant 1$。

在 SVR 算法中，我们的目标是寻找一个超平面（由斜率向量 w 和截距 b 所确定），使得距离该超平面 ε 远的两个超平面 $wx + b = -\varepsilon$ 和 $wx + b = \varepsilon$ 可以覆盖大多数训练数据。换言之，大多数数据点被限制在最优超平面两侧宽度为 ε 的带状区域内，如图 7-6 所示。同时，最优超平面应该尽可能缓和[①]，也就是 $\|w\|$ 要尽可能得小。

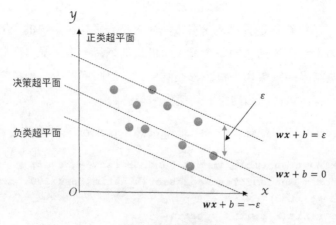

图 7-6　最优超平面

寻找由 w 和 b 所定义的最优超平面的问题，转化为求解以下最优化问题：

- 最小化 $\|w\|$；

- 约束条件是，给定训练集 $(x^{(1)}, y^{(1)})$，$(x^{(2)}, y^{(2)}), \cdots, (x^{(i)}, y^{(i)}), \cdots, (x^{(m)}, y^{(m)})$ 使得 $\left| y^{(i)} - (wx^{(i)} + b) \right| \leqslant \varepsilon$。

再次提醒，要解决上述最优化问题，我们需要使用二次规划方法，但该方法不在我们的学习内容之内。因而，我们就不详细讲解计算方法。我们将用 scikit-learn 库提供的 SVR 包实现回归算法。

SVC 所使用的技巧，比如用 penalty 权衡偏差和方差，用内核技术（比如，RBF 内核）

---

① 不陡峭，坡度小。——译者注

处理线性不可分情况，同样适用于 SVR。scikit-learn 库的 SVR 包也支持这些技巧。

我们用 SVR 解决前面的房价预测问题：

```
>>> from sklearn.svm import SVR
>>> regressor = SVR(C=0.1, epsilon=0.02, kernel='linear')
>>> regressor.fit(X_train, y_train)
>>> predictions = regressor.predict(X_test)
>>> print(predictions)
[ 14.59908201  19.32323741  21.16739294  18.53822876  20.1960847
  23.74076575  22.65713954  26.98366295  25.75795682  22.69805145]
```

7.3.6　回归性能评估

至此，我们已深入讲解了几种流行的回归算法，并用现有的库实现了它们。我们之前是输出模型在测试集的预测结果，以此来评估模型的性能。现改用以下度量标准，因为它能给予我们更多的洞察力。

前面讲过，MSE 度量的是预测结果相对于预期结果的平方损失。有时会用 MSE 的平方根，将损失转换回与被估计的目标变量相同的取值范围内，这就是所谓的**均方根误差**（Root Mean Squared Error，RMSE）。

平均绝对误差（Mean Absolute Error，MAE）度量的是绝对损失。它与目标变量的取值范围相同，反映的是预测值和实际值有多相近。

无论是 MSE 还是 MAE，值越小，回归模型的性能越好。

R^2（读作 r 的平方）表示回归模型的拟合效果。它的取值为 0 到 1，表示完全不拟合到完美拟合。

现在，我们就用 scikit-learn 提供的这 3 个指标来度量一个线性回归模型的性能。数据集仍用前面提到的糖尿病数据集。用网格搜索技术来调试线性回归模型的参数：

```
>>> diabetes = datasets.load_diabetes()
>>> num_test = 30     # the last 30 samples as testing set
>>> X_train = diabetes.data[:-num_test, :]
>>> y_train = diabetes.target[:-num_test]
>>> X_test = diabetes.data[-num_test:, :]
>>> y_test = diabetes.target[-num_test:]
>>> param_grid = {
```

```
...        "alpha": [1e-07, 1e-06, 1e-05],
...        "penalty": [None, "l2"],
...        "eta0": [0.001, 0.005, 0.01],
...        "n_iter": [300, 1000, 3000]
... }
>>> from sklearn.model_selection import GridSearchCV
>>> regressor = SGDRegressor(loss='squared_loss',
                                learning_rate='constant')
>>> grid_search = GridSearchCV(regressor, param_grid, cv=3)
```

然后，我们获得一组最优参数：

```
>>> grid_search.fit(X_train, y_train)
>>> print(grid_search.best_params_)
{'penalty': None, 'alpha': 1e-05, 'eta0': 0.01, 'n_iter': 300}
>>> regressor_best = grid_search.best_estimator_
```

接着，用参数值最优的模型预测测试集：

```
>>> predictions = regressor_best.predict(X_test)
```

现在，我们就用 MSE、MAE 和 R^2 这 3 个指标度量模型在测试集上的表现：

```
>>> from sklearn.metrics import mean_squared_error,
    mean_absolute_error, r2_score
>>> mean_squared_error(y_test, predictions)
1862.0518552093429
>>> mean_absolute_error(y_test, predictions)
34.605923224169558
>>> r2_score(y_test, predictions)
0.63859162277753756
```

7.3.7   用回归算法预测股价

我们既已学习了 3 种（或者你会说 4 种）常用和强大的回归算法及其性能度量指标，何不用这些技术解决股价预测问题呢？

前面已生成了所需特征，现在可继续用 1988 年到 2014 年的股票数据构造训练集：

```
>>> import datetime
>>> start_train = datetime.datetime(1988, 1, 1, 0, 0)
```

```
>>> end_train = datetime.datetime(2014, 12, 31, 0, 0)
>>> data_train = data.ix[start_train:end_train]
```

DataFrame 对象 data（在 7.3.2 节定义）的所有字段，除"close"之外都是特征列，"close"是目标列：

```
>>> X_columns = list(data.drop(['close'], axis=1).columns)
>>> y_column = 'close'
>>> X_train = data_train[X_columns]
>>> y_train = data_train[y_column]
```

我们有 6553 个训练样本，每个样本为 37 维：

```
>>> X_train.shape
(6553, 37)
>>> y_train.shape
(6553,)
```

类似地，我们将 2015 年的样本作为测试集：

```
>>> start_test = datetime.datetime(2015, 1, 1, 0, 0)
>>> end_test = datetime.datetime(2015, 12, 31, 0, 0)
>>> data_test = data.ix[start_test:end_test]
>>> X_test = data_test[X_columns]
>>> y_test = data_test[y_column]
```

我们有 252 个测试样本：

```
>>> X_test.shape
(252, 37)
```

我们首先尝试 SGD 线性回归算法。在训练模型之前，我们应该意识到 SGD 算法对不同特征值的取值范围差别较大的情况很敏感。就拿股价预测这个例子来讲，特征"open"的均值约为 8856，而特征"moving_arg_365"的均值约为 0.00037，两者差别较大。因此，我们需要对特征作标准化处理，使其具有相同或可比的取值范围。我们的方法是减去均值，将方差调整为 1：

$$x_{\text{scaled}}^{(i)} = \frac{x^{(i)} - \overline{x}}{\sigma(x)}$$

其中，$x^{(i)}$ 是样本 $x^{(i)}$ 的一个原始特征，$\bar{x}$ 是所有样本这个特征的均值，$\sigma(x)$ 是所有样本该特征的标准差，$x^{(i)}_{scaled}$ 是样本 $x^{(i)}$ 调整取值范围后的特征。我们用 scikit-learn 库的 StandardScaler 实现特征标准化：

```
>>> from sklearn.preprocessing import StandardScaler
>>> scaler = StandardScaler()
```

只在训练集上拟合 scaler：

```
>>> scaler.fit(X_train)
```

用训练好的 scaler 调整两个数据集特征的取值范围：

```
>>> X_scaled_train = scaler.transform(X_train)
>>> X_scaled_test = scaler.transform(X_test)
```

现在，我们可以搜索 SGD 线性回归模型的最优参数了。我们使用 L2 正则化，然后迭代 1000 轮，调试正则项的系数 alpha 和学习率的初始值 eta0。

```
>>> param_grid = {
...     "alpha": [3e-06, 1e-5, 3e-5],
...     "eta0": [0.01, 0.03, 0.1],
... }
>>> lr = SGDRegressor(penalty='12', n_iter=1000)
>>> grid_search = GridSearchCV(lr, param_grid, cv=5,
                              scoring='neg_mean_absolute_error')
>>> grid_search.fit(X_scaled_train, y_train)
```

选取最优线性回归模型，然后预测测试样本：

```
>>> print(grid_search.best_params_)
{'alpha': 3e-05, 'eta0': 0.03}
>>> lr_best = grid_search.best_estimator_
>>> predictions = lr_best.predict(X_scaled_test)
```

用 MSE、MAE 和 R^2 度量模型的性能：

```
>>> print('MSE: {0:.3f}'.format(
                        mean_squared_error(y_test, predictions)))
MSE: 28600.696
>>> print('MAE: {0:.3f}'.format(
```

```
                          mean_absolute_error(y_test, predictions)))
MAE: 125.777
>>> print('R^2: {0:.3f}'.format(r2_score(y_test, predictions)))
R^2: 0.907
```

类似地，我们尝试随机森林算法，集成 1000 棵树，调试树的最大深度 max_depth 和进一步划分节点所需的最少样本量 min_samples_split 两个参数：

```
>>> param_grid = {
...     "max_depth": [30, 50],
...     "min_samples_split": [3, 5, 10],
... }
>>> rf = RandomForestRegressor(n_estimators=1000)
>>> grid_search = GridSearchCV(rf, param_grid, cv=5,
                               scoring='neg_mean_absolute_error')
>>> grid_search.fit(X_train, y_train)
```

选取最优的回归森林模型，预测测试样本：

```
>>> print(grid_search.best_params_)
{'min_samples_split': 10, 'max_depth': 50}
>>> rf_best = grid_search.best_estimator_
>>> predictions = rf_best.predict(X_test)
```

度量模型的性能：

```
>>> print('MSE: {0:.3f}'.format(mean_squared_error(y_test, predictions)))
MSE: 36437.311
>>> print('MAE: {0:.3f}'.format(mean_absolute_error(y_test, predictions)))
MAE: 147.052
>>> print('R^2: {0:.3f}'.format(r2_score(y_test, predictions)))
R^2: 0.881
```

最后，我们用线性内核 SVR 来调试惩罚参数 C 和 ε。类似于 SGD 算法，特征的取值范围若不一致，SVR 效果也不好。为此，我们仍用调整过取值范围的数据来训练 SVR 模型：

```
>>> param_grid = {
...              "C": [1000, 3000, 10000],
...              "epsilon": [0.00001, 0.00003, 0.0001],
...              }
```

```
>>> svr = SVR(kernel='linear')
>>> grid_search = GridSearchCV(svr, param_grid, cv=5,
                               scoring='neg_mean_absolute_error')
>>> grid_search.fit(X_scaled_train, y_train)
>>> print(grid_search.best_params_)
{'epsilon': 0.0001, 'C': 10000}
>>> svr_best = grid_search.best_estimator_
>>> predictions = svr_best.predict(X_scaled_test)
>>> print('MSE: {0:.3f}'.format(mean_squared_error(y_test, predictions)))
MSE: 27099.227
>>> print('MAE: {0:.3f}'.format(mean_absolute_error(y_test, predictions)))
MAE: 123.781
>>> print('R^2: {0:.3f}'.format(r2_score(y_test, predictions)))
R^2: 0.912
```

通过 SVR 模型，我们在测试集上取得了 R^2 为 0.912 的好成绩。我们可以将 3 种算法的预测的股价和实际股价绘制成图表，如图 7-7 所示。

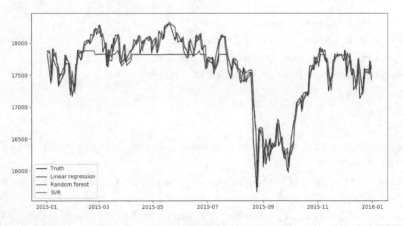

图 7-7   3 种算法预测的股价和实际股价

7.4   小结

在本章，我们做完了本书的最后一个项目，用机器学习回归技术预测股价（确切讲是股票指数）。我们先是简单介绍了股票市场和影响股票成交价格的因素。为了解决这个价值数十亿美元的问题，我们研究了机器学习回归技术。回归能估计连续型目标变量的值，而分类问题预测的是离散型输出。我们接着深入讨论了 3 种流行的回归算法：线性回归、回归树和回归森林、支持向量回归。我们介绍了它们的定义、原理，从头实现这些算法之后，我们又用现有的模块实现了一遍，并运用到几个示例之中。我们还学习了如何评估回归模型的性能。最后，我们用本章所学的内容解决了股价预测问题。

第 8 章
最佳实践

前几章的多个项目涵盖了机器学习的重要概念、技术和广泛使用的算法，做完这些项目之后，我们对机器学习生态系统有了全面的认识，就如何用机器学习算法和 Python 解决实际问题，积累了经验，打好了底子。然而，我们在实际工作中，只要从头开始做项目，就会遇到各种各样的问题。本章旨在以机器学习方案整个工作流的最佳实践武装我们。我们掌握了这些知识，自己动手做项目就没有那么困难了。

在本章中，我们将深入讲解以下主题。

- 机器学习方案工作流。

- 数据准备阶段的任务。

- 训练集生成阶段的任务。

- 算法训练、评估和选择阶段的任务。

- 系统部署和监控阶段的任务。

- 数据准备阶段的最佳实践。

- 训练集生成阶段的最佳实践。

- 算法训练、评估和选择阶段的最佳实践。

- 系统部署和监控阶段的最佳实践。

8.1　机器学习工作流

通常，解决一个机器学习问题所要完成的任务可归纳为以下 4 个方面：

- 数据准备；

- 训练集生成；

- 算法训练、评估和选择；

- 系统部署和监控。

从数据源到最终的机器学习系统，一个机器学习方案基本上遵从图 8-1 所示的流程。

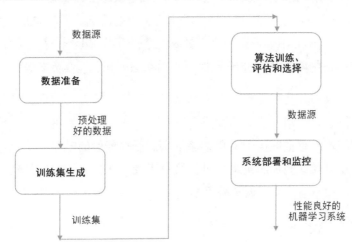

图 8-1　机器学习方案流程图

后续几节，我们将学习以上 4 个阶段每个阶段的典型任务、常见挑战和最佳实践。

8.2　数据准备阶段的最佳实践

显然，无数据何以谈构建机器学习系统。数据应当是我们首先要关注的。

8.2.1　最佳实践 1——理解透彻项目的目标

在采集数据之前，我们应该透彻理解项目的目标，也就是业务问题。因为它将指导我们选取数据源作研究。只有具备足够的领域知识和专家意见，才能选对数据源。例如，在第 7 章，我们的目标是预测 DJIA 指数未来的价格，因此我们采集它在过去的表现，而不是采集欧洲股票市场的历史数据。第 5 章和第 6 章的业务问题是，最大化广告的命中率，命中率以点击率为准，因此，我们采集谁点击或没有点击哪个页面哪个广告这样的点击数据，而不只是采集网页展示了什么广告这样的数据。

8.2.2　最佳实践 2——采集所有相关字段

有了要实现的业务目标后，我们便缩小了要研究的数据资源的范围。现在，问题变为：是否有必要采集一个数据源所有字段的数据，或者只采集属性的子集就足够？我们若是能提前知道什么属性是关键因素或关键预测因素，那就再好不过了。然而，我们很难保证领域专家手动挑选的属性能产出最优的预测结果。因此，建议每个数据源中与项目有关的所有字段都要采集。特别是重复采集耗时较长或无法重复采集的情况，更应如此。例如，在股价预测的例子中，一开始我们并不确定**最高价**和**最低价**是否有用，但我们还是采集了包括**开盘价**、**最高价**、**最低价**和**成交量**在内的所有字段，尽管用 API 检索股票数据既快又简单。

再举个例子，我们若是想抓取在线文章来采集数据，从而为新闻话题分类，我们应该存储尽可能多的信息。否则，我们前期没有采集的信息，日后发现它很有价值，比如文章中的超链接，前期若没有把链接的文章存储下来，后来想用的时候，文章可能已被删除；文章若还在，重复抓取这些页面也很耗时。采集了我们认为有用的数据集之后，我们还需检查数据的一致性和完整性，以保证数据质量。

8.2.3　最佳实践 3——字段值保持一致

在已有数据集或现采集的数据集中，我们往往会看到有些值表示相同的意思。例如，国家字段，字段值 "American" "US" 和 "U. S. A" 均指美国；性别字段，字段值 "male" 和 "M" 均值男性。同一字段，字段值有必要统一。例如，性别字段，我们只保留 "M" 和 "F"，并替换其他值。否则，在后续阶段中，它们会引发算法的混乱，即使它们意思相同，但处理方式却不同。记录字段值跟字段默认值之间的对照关系，也是非常好的做法。

此外，同一字段多个字段值的格式应该一致。例如，年龄字段，有些是实际年龄，比如 21、35，也有写成年份的，比如 1990、1978；评分字段，既有阿拉伯数字，也有单词，比如 1、2、3 和 "one" "two" "three"。为了保证数据的一致性，应该转换或调整数据的格式。

8.2.4 最佳实践 4——缺失值处理

出于各种原因，真实世界中的数据集鲜有完全干净的，往往包含缺失值或被污染的值。它们通常表示成空白、"Null""−1""999999""unknown"或其他某种占位符。缺失数据的样本，不仅提供的预测信息不全面，也许还会让机器学习模型感到迷糊，因为它无法辨明"−1"或"unknown"的含义。查明和处理缺失数据极其重要，可以避免后续阶段危及模型的性能。

我们可用以下 3 种基本策略处理缺失数据问题。

- 弃用有任何缺失数据的样本。

- 弃用任何样本中包含缺失值的字段。

这两种策略实现很简单，但却以抛弃数据为代价，尤其是在原始数据集不够大时，这样做得不偿失。第三种策略不抛弃任何数据，尝试填补缺失值。

- 根据属性已知部分推测缺失值，该过程称为**缺失数据插值**。常用的插值方法有，用字段在所有样本中的均值或中位数替代缺失值，类别型数据则用出现最频繁的值替代。

我们通过一个例子来看下各种策略如何用。假如我们的数据集有两个字段（年龄、收入），共有 6 个样本 (30, 100)、(20, 50)、(35, unknown)、(25, 80)、(30, 70) 和 (40, 60)。用第一种策略处理，数据集变为 (30, 100)、(20, 50)、(25, 80)、(30, 70) 和 (40, 60)。用第二种策略，只保留第一个字段，数据集变为 (30)、(20)、(35)、(25)、(30) 和 (40)。第三种策略是决定填补未知的值，而不是弃用。用其余样本第二个字段的均值替代 unknown，样本 (35, unknown) 被转换为 (35, 72)；用其余样本第二个字段的中位数替代，则变为 (35, 70)。

scikit-learn 的 Impute 类提供了一种编写得非常好的插值转换器。我们用它解决前面这个小例子的缺失值问题：

```
>>> import numpy as np
>>> from sklearn.preprocessing import Imputer
>>> # Represent the unknown value by np.nan in numpy
>>> data_origin = [[30, 100],
...                [20, 50],
...                [35, np.nan],
...                [25, 80],
...                [30, 70],
```

```
...                    [40, 60]]
```

用均值初始化插值转换器，均值从原始数据集中获取：

```
>>> # Imputation with the mean value
>>> imp_mean = Imputer(missing_values='NaN', strategy='mean')
>>> imp_mean.fit(data_origin)
```

完成插值：

```
>>> data_mean_imp = imp_mean.transform(data_origin)
>>> print(data_mean_imp)
[[ 30. 100.]
 [ 20.  50.]
 [ 35.  72.]
 [ 25.  80.]
 [ 30.  70.]
 [ 40.  60.]]
```

类似地，再用中位数初始化插值转换器：

```
>>> # Imputation with the median value
>>> imp_median = Imputer(missing_values='NaN', strategy='median')
>>> imp_median.fit(data_origin)
>>> data_median_imp = imp_median.transform(data_origin)
>>> print(data_median_imp)
[[ 30. 100.]
 [ 20.  50.]
 [ 35.  70.]
 [ 25.  80.]
 [ 30.  70.]
 [ 40.  60.]]
```

当新输入的新样本有缺失值（任何属性的）时，可用训练好的转换器对其进行插值。例如，用均值转换器插值：

```
>>> new = [[20, np.nan],
...        [30, np.nan],
...        [np.nan, 70],
...        [np.nan, np.nan]]
>>> new_mean_imp = imp_mean.transform(new)
>>> print(new_mean_imp)
```

```
[[ 20.  72.]
 [ 30.  72.]
 [ 30.  70.]
 [ 30.  72.]]
```

请注意，年龄字段的 30 是原始数据集年龄字段 6 个值的均值。了解了插值及其实现方法之后，我们再通过下面这个例子，探讨插值和弃用缺失数据对预测结果的影响。首先，加载糖尿病数据集，仿造一个含缺失值的数据集：

```
>>> from sklearn import datasets
>>> dataset = datasets.load_diabetes()
>>> X_full, y = dataset.data, dataset.target
>>> # Simulate a corrupted data set by adding 25% missing values
>>> m, n = X_full.shape
>>> m_missing = int(m * 0.25)
>>> print(m, m_missing)
442 110
>>> # Randomly select m_missing samples
>>> np.random.seed(42)
>>> missing_samples = np.array([True] * m_missing +
                               [False] * (m - m_missing))
>>> np.random.shuffle(missing_samples)
>>> # For each missing sample, randomly select 1 out of n features
>>> missing_features = np.random.randint(low=0, high=n,
                                         size=m_missing)
>>> # Represent missing values by nan
>>> X_missing = X_full.copy()
>>> X_missing[np.where(missing_samples)[0], missing_features] = np.nan
```

然后，在这个被破坏的数据集中，对于含缺失值的样本，我们弃之不用：

```
>>> X_rm_missing = X_missing[~missing_samples, :]
>>> y_rm_missing = y[~missing_samples]
```

用交叉验证方式来训练回归森林模型，计算平均回归分数 R^2，度量这种缺失值处理策略的效果：

```
>>> # Estimate R^2 on the data set with missing samples removed
>>> from sklearn.ensemble import RandomForestRegressor
>>> from sklearn.model_selection import cross_val_score
>>> regressor = RandomForestRegressor(random_state=42, max_depth=10,
n_estimators=100)
```

```
>>> score_rm_missing = cross_val_score(regressor, X_rm_missing,
                                        y_rm_missing).mean()
>>> print('Score with the data set with missing samples removed:
                            {0:.2f}'.format(score_rm_missing))
Score with the data set with missing samples removed: 0.39
```

现在，我们改用其他处理方法，为缺失值插上均值：

```
>>> imp_mean = Imputer(missing_values='NaN', strategy='mean')
>>> X_mean_imp = imp_mean.fit_transform(X_missing)
```

我们用类似方法训练模型，并计算平均回归分数 R^2，度量该插值策略的效果：

```
>>> # Estimate R^2 on the data set with missing samples removed
>>> regressor = RandomForestRegressor(random_state=42,
                            max_depth=10, n_estimators=100)
>>> score_mean_imp = cross_val_score(regressor, X_mean_imp, y).mean()
>>> print('Score with the data set with missing values replaced by
                            mean: {0:.2f}'.format(score_mean_imp))
Score with the data set with missing values replaced by mean: 0.42
```

以上结果表明，插值策略好于弃用样本。插值后得到的数据集和最初完整的数据集，两者对回归结果的影响差别有多大？计算在原始数据集中训练得到的回归模型的平均回归分数，比较两者对回归结果的影响：

```
>>> # Estimate R^2 on the full data set
>>> regressor = RandomForestRegressor(random_state=42,
                            max_depth=10, n_estimators=500)
>>> score_full = cross_val_score(regressor, X_full, y).mean()
>>> print('Score with the full data set:
                            {0:.2f}'.format(score_full))
Score with the full data set: 0.44
```

结果表明，插值得到的完整的数据集，没有多出多少信息。我们无法保证插值策略总是能取得更好的效果，有时弃用包含缺失值的样本效果更好。因此，按照如上方法，通过交叉验证方式训练模型来比较不同策略的效果，是非常好的做法。

8.3　训练集生成阶段的最佳实践

数据准备停当之后，我们可安全地进入到训练集生成阶段。该阶段的常见任务可归结为两个主要类别：**数据预处理**和**特征工程**。

数据预处理通常包括类别型特征编码、特征缩放（feature rescaling）、特征选择和降维。

8.3.1 最佳实践 5——用数值代替类别型特征

通常，类别型特征易于辨识，它们传达的是定性信息，比如风险级别、职业和兴趣。然而，如果特征取离散、可数的（有限的）数值，比如表示月份的 1 到 12，或表示真假的 1 和 0，那么它们的表意就不甚明确。识别特征是类别型还是数值型的关键在于它是否有数学上的含义：若有，那么它是数值型特征，比如产品打分 1～5；否则，它就是类别型数值，比如表示月份或周几的数字。

8.3.2 最佳实践 6——决定是否对类别型特征编码

对于类别型特征，我们需决定是否对其编码，这取决于我们后续将使用何种预测算法。朴素贝叶斯和基于树的算法可直接处理类别型特征，而其他算法通常不能，因此，特征编码就很有必要。

因为特征生成阶段的输出就是算法训练阶段的输入，所以特征生成阶段采取的步骤应与预测算法兼容。我们应综合考虑特征生成和预测算法的训练，而不是将其看成两个孤立的组件。下面两个最佳实践也是这么建议的。

8.3.3 最佳实践 7——是否要选择特征，怎么选

在第 6 章，我们学习了如何用 L1 正则化对率回归和随机森林来选择特征。特征选择的优点包括：

- 删除冗余或不相关的特征，减少预测模型的训练时间；

- 降低冗余或不相关特征引发的过拟合；

- 从包含更多显著特征的数据学到的预测模型，其性能可能会提升。

注意上面最后一点，我们使用了"可能"这个词，因为特征选择并不是绝对会增加预测结果的正确率的。因此，利用交叉检验训练模型来比较特征选择的有无、对性能的影响，也是非常好的做法。举个例子，我们用交叉检验策略来训练 SVC 模型，计算它的平均分类正确率，度量特征选择的效果。

首先，从 scikit-learn 加载手写体数字集：

```
>>> from sklearn.datasets import load_digits
>>> dataset = load_digits()
>>> X, y = dataset.data, dataset.target
>>> print(X.shape)
(1797, 64)
```

接着，估计在原始数据集（64 维）上的正确率：

```
>>> from sklearn.svm import SVC
>>> from sklearn.model_selection import cross_val_score
>>> classifier = SVC(gamma=0.005)
>>> score = cross_val_score(classifier, X, y).mean()
>>> print('Score with the original data set: {0:.2f}'.format(score))
Score with the original data set: 0.88
```

然后，用随机森林选择特征，并根据特征的重要性排序：

```
>>> from sklearn.ensemble import RandomForestClassifier
>>> random_forest = RandomForestClassifier(n_estimators=100,
criterion='gini', n_jobs=-1)
>>> random_forest.fit(X, y)
>>> feature_sorted = np.argsort(random_forest.feature_importances_)
```

现在，选取不同数量的重要特征，构造新数据集。然后，评估用不同特征训练的模型的正确率：

```
>>> K = [10, 15, 25, 35, 45]
>>> for k in K:
...        top_K_features = feature_sorted[-k:]
...        X_k_selected = X[:, top_K_features]
...        # Estimate accuracy on the data set with k selected
           features
...        classifier = SVC(gamma=0.005)
...        score_k_features =
               cross_val_score(classifier, X_k_selected, y).mean()
...        print('Score with the data set of top {0} features:
                           {1:.2f}'.format(k, score_k_features))
...
Score with the data set of top 10 features: 0.88
Score with the data set of top 15 features: 0.93
```

```
Score with the data set of top 25 features: 0.94
Score with the data set of top 35 features: 0.92
Score with the data set of top 45 features: 0.88
```

8.3.4 最佳实践 8——是否降维，怎么降

降维的几个优点类似于特征选取：

- 将冗余或相关的特征整合成新特征，降低预测模型的训练时间；

- 上述做法还可降低过拟合；

- 若数据包含较少冗余或相关特征，从这种数据学到的预测模型，性能可能会提升。

再次申明，降维并不是一定会带来更佳的预测结果。要检验它的效果，建议在模型训练阶段采用降维方法。我们再拿前面的手写体数字识别的例子来度量 PCA 降维方法的效果。每次只保留重要性高的一部分特征，用它们构造新数据集。然后，评估用不同特征训练的模型的正确率：

```
>>> from sklearn.decomposition import PCA
>>> # Keep different number of top components
>>> N = [10, 15, 25, 35, 45]
>>> for n in N:
...     pca = PCA(n_components=n)
...     X_n_kept = pca.fit_transform(X)
...     # Estimate accuracy on the data set with top n components
...     classifier = SVC(gamma=0.005)
...     score_n_components =
                cross_val_score(classifier, X_n_kept, y).mean()
...     print('Score with the data set of top {0} components:
                    {1:.2f}'.format(n, score_n_components))
Score with the data set of top 10 components: 0.95
Score with the data set of top 15 components: 0.95
Score with the data set of top 25 components: 0.91
Score with the data set of top 35 components: 0.89
Score with the data set of top 45 components: 0.88
```

8.3.5 最佳实践 9——是否缩放特征，怎么缩放

在第 7 章中，基于 SGD 的线性回归和 SVR 模型要求对特征进行标准化处理，我们将

原始数据去除了均值，并将其方差调整为 1。那么问题来了，什么情况下必须缩放特征，什么情况不需要？

通常，朴素贝叶斯和基于树的算法对取值范围不同的特征不敏感，因为它们单独考虑每个特征。对率或线性回归一般也不会受特征的取值范围的影响，唯一例外的是，用随机梯度下降优化权重时会有影响。

在大多数情况下，要学习的知识只要涉及样本任何形式的距离（在空间中的分隔），就需要缩放特征或作标准化处理，比如 SVC 和 SVR。任何使用 SGD 作优化的算法，也必须缩放特征。至此，我们已介绍完数据预处理阶段的最佳实践。接下来，我们将介绍训练集生成阶段的另一重要工作——特征工程。我们将从两个方面加以介绍。

8.3.6　最佳实践 10——带着领域知识做特征工程

幸运的话，我们具备足够的领域知识，可据其创建特定领域的特征；我们利用自己的业务经验和洞察力，识别数据所包含的信息，将数据中与预测目标相关的信息以形式化的方式表示出来。例如，在第 7 章中，我们根据股民投资决策时通常考虑的因素来设计和构造股价特征集。

虽然特征工程需要特定领域知识，但有时我们仍可以使用一些通用的技巧。例如，在顾客分析的相关领域中，如市场和广告，每天的时间段、周几和月份通常都是重要的信号。给定日期为 2017/02/05、时间为 14:34:21 的数据点，我们可创建下午、周日和 2 月这样的新特征。对于零售行业，我们通常会聚合一个时间段的信息，以提供更有价值的洞察力。例如，过去 3 个月，顾客光临店铺的数量；过去一年，每周顾客购买的商品数量，这些都是预测顾客行为的好指标。

8.3.7　最佳实践 11——缺少领域知识的前提下，做特征工程

若不够幸运，我们只有很少的领域知识，那我们怎样生成特征呢？不要慌。一般的做法有以下几种。

- **二值化**：按预先设定好的阈值，将数值型特征转化为二值型。例如，在垃圾邮件检测中，对于特征（或词）prize，我们可生成一个新特征 "prize 是否出现"。在样本中，只要 prize 的词频大于 1，该样本这个新特征的值为 1，否则为 0。每周到店铺几次这个特征，根据是否大于或等于 3 次，可生成新特征 "是否是常客"。我们用

scikit-learn 实现这种二值化：

```
>>> from sklearn.preprocessing import Binarizer
>>> X = [[4], [1], [3], [0]]
>>> binarizer = Binarizer(threshold=2.9)
>>> X_new = binarizer.fit_transform(X)
>>> print(X_new)
[[1]
 [0]
 [1]
 [0]]
```

- **离散化**：将数值特征转换成特征值为有限个的类别型特征。二值化可视为离散化的特例。例如，我们可在年龄特征的基础上，生成一个年龄组特征：18 到 24 岁之间的，特征值为 18~24；25 到 34 岁的，特征值为 25~34；34 到 54 岁的，特征值为 34~54；55 岁及以上的，特征值为 55+。

- **交互项**：包括求和、相乘或两个数值特征之间的任意运算，还有两个类别型特征的联合条件检验。例如，每周光临的次数和每周购买商品数量，可生成"每次购买的产品数量"特征；兴趣和职业，比如运动和工程师，可生成职业和兴趣的关系，比如"工程师对运动感兴趣"。

- **多项式转换**：生成多项式和交互特征的过程。对于特征 a 和 b，生成的二次项特征为 a^2、ab 和 b^2。在 scikit-learn 中，我们用 PolynomialFeatures 类作多项式转换，如以下代码所示。

```
>>> from sklearn.preprocessing import PolynomialFeatures
>>> X = [[2, 4],
... [1, 3],
... [3, 2],
... [0, 3]]
>>> poly = PolynomialFeatures(degree=2)
>>> X_new = poly.fit_transform(X)
>>> print(X_new)
[[ 1. 2. 4. 4. 8. 16.]
 [ 1. 1. 3. 1. 3. 9.]
 [ 1. 3. 2. 9. 6. 4.]
 [ 1. 0. 3. 0. 0. 9.]]
```

得到的新特征包括 1（偏差，截距）、a、b、a^2、ab 和 b^2。

8.3.8　最佳实践 12——记录每个特征的生成方法

我们刚介绍了在具备领域知识和缺乏领域知识的情况下，特征工程的常用方法。还有一件事要注意，记录下每个特征的生成方法。虽听着无甚紧要，但我们常常会忘记一个特征是如何得到或创建的。我们在模型训练阶段的尝试失败之后，通常需要回到这个阶段，创建更多的特征以提升性能。我们得清楚特征是什么和怎么来的，以便删除那些不怎么起作用的特征，增加有希望改善性能的特征。

8.4　算法训练、评估和选择阶段的最佳实践

给定机器学习问题后，很多人要问的第一个问题通常是：解决该问题的最佳分类或回归算法是什么？然而，根本就不存在普适性的方案。在尝试多种方法、精心调试出最优算法之前，谁也不知道最好的算法是什么。后续几节，我们将介绍该阶段的最佳实践。

8.4.1　最佳实践 13——选择从正确的算法开始

考虑到一个算法要调试多个参数，所以试遍所有算法、精心调试每一个参数，极其耗时，计算开销也很大。故此，我们应按下面列举的指南（请注意，我们这里重点讲分类，但这些指南也适用于回归。通常，回归问题也有对应算法），将备选算法限定在 1～3 个，从这几个算法着手。

在我们圈定备选算法之前，应清楚以下几个问题：

- 训练集大小；

- 数据集的维度；

- 数据是否线性可分；

- 特征之间是否独立；

- 偏差和方差的容忍度，如何权衡；

- 是否要求线上学习。

1. 朴素贝叶斯

朴素贝叶斯是一种很简单的算法。对于相对较小的训练集，如果特征相互独立，该算

法的性能通常不错。对于大型数据集，朴素贝叶斯仍能取得较好的效果，因为不管真实情况如何，仍可假定特征是相互独立的。由于计算简单，朴素贝叶斯的训练通常快于其他任何算法。然而，这也许会导致较高的偏差（虽然方差很低）。

2. 对率回归

对率回归可能是使用最广泛的分类算法了。它通常是机器学习从业者解决分类问题时优先选用的算法。对于数据线性可分或近似线性可分的情况，它的性能很好。即使线性不可分，如果可能的话，我们可将线性不可分特征转换为线性可分的，再使用对率回归（如图 8-2 所示）。对率回归通过使用 SGD 优化方法从而对大型数据集有很好的可扩展性，可高效地解决大数据问题。此外，它还支持线上学习。

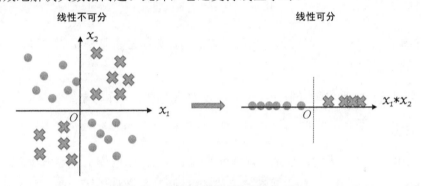

图 8-2　线性不可分变换为线性可分

虽然对率回归是一种低偏差、高方差的算法，但是我们可增加 L1、L2 正则项或综合使用这两种正则化方法来降低过拟合。

3. SVM

SVM 普遍适用于线性可分的数据。在线性可分的数据集上，线性内核 SVM 的性能与对率回归相当。另外，SVM 还适用于线性不可分的情况，此外，SVM 只需采用非线性内核，比如 RBF。对于高维数据集，对率回归的性能通常会打折扣，但 SVM 的性能依然很好，新闻分类这个例子能很好地体现这一点，新闻语料的特征维度可是成千上万的。通常，选用正确的内核和参数值，SVM 能达到非常高的正确率。然而，高性能也许要以计算复杂度和高内存消耗为代价。

4. 随机森林（或决策树）

数据是否线性可分对随机森林没有影响。它可以直接处理类别型特征，而不用对特征编码，使用非常方便。并且，训练好的模型，很容易解释给非机器学习从业者听，这是其他大多数算法无法做到的。此外，随机森林增强了决策树的能力，但是集成多棵决策树也许会导致过拟合问题。随机森林的性能堪比 SVM，但是随机森林模型参数的调试难度要小于 SVM 和神经网络。

5．神经网络

神经网络极其强大，尤其是随着深度学习的发展，它变得更加强大。然而，寻找合适的拓扑结构（层、节点、激活函数等）并不容易，更不用说该模型的训练和调参很耗时。因此，不建议一上来就选用该算法。

8.4.2　最佳实践 14——降低过拟合

在上个最佳实践中，我们讨论算法的优缺点时，曾接触了几种避免过拟合的方法。我们现在正式将其归纳如下：

- 交叉检验，在本书各章节学习过程中我们养成的一个好习惯；

- 正则化；

- 尽可能地简单，模型越复杂，就越可能过拟合。复杂的模型有超出最大深度的决策树或森林、使用了高阶多项式转换的线性回归以及使用复杂内核的 SVM。

- 集成学习，整合一系列较弱的模型，形成更强大的模型。

8.4.3　最佳实践 15——诊断过拟合和欠拟合

那么，如何判断一个模型是过拟合还是欠拟合？我们通常用学习曲线评估模型的偏差和方差。采用交叉检验策略，在不同训练样本上得到模型，将其在训练样本和测试样本上的得分绘制成曲线，该曲线称为学习曲线。

在训练样本上拟合很好的模型，训练样本的性能应好于预期的。在理想情况下，随着训练样本数量的增加，模型在测试样本上的性能应有所提升。最终，在测试样本上的性能应接近在训练样本上的性能。

模型在测试样本上的性能收敛到的结果，与其在训练样本上得到的结果差距较大时，就可断定出现了过拟合问题。模型甚至在训练样本上都无法很好地拟合，我们很容易就能识别出出现了欠拟合问题：模型在训练集和测试集上的性能曲线，都低于期望的性能。

理想情况的学习曲线，如图 8-3 所示。

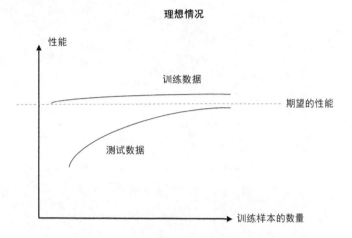

图 8-3　理想情况模型的学习曲线

过拟合模型的学习曲线，如图 8-4 所示。

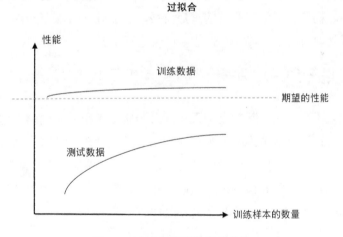

图 8-4　过拟合模型的学习曲线

欠拟合模型的学习曲线，如图 8-5 所示。

我们可以用 scikit-learn 库的 learning_curve 包和 plot_learning_curving 函数生成学习曲线，函数的定义请见 scikit-learn 库官网。

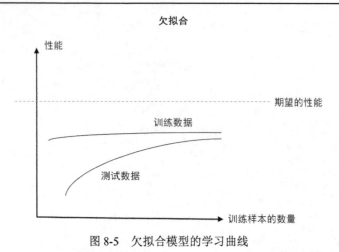

图 8-5　欠拟合模型的学习曲线

8.5　系统部署和监控阶段的最佳实践

完成上述 3 个阶段的处理，我们现在拥有了完善的数据预处理流水线和经过正确训练得到的预测模型。构建机器学习系统的最后阶段，主要任务有保存和部署前几个阶段得到的模型，用模型处理新数据，监控其性能，以及定期更新。

8.5.1　最佳实践 16——保存、加载和重用模型

部署机器学习模型之后，新数据应采用前几个阶段使用的相同的数据预处理机制（缩放、特征工程、特征选择和降维等）处理。然后，将预处理过的数据输入训练好的模型。我们无法做到每次一有新数据加进来，都重新走一遍前面的流程，并重新训练模型。相反，我们应该在数据预处理模型和预测模型训练结束后，保存已建好的预处理模型和训练好的预测模型。在部署模式中，这些模型会被提前加载，并用来预测新数据。

我们结合糖尿病数据集建模的例子来讲解模型部署阶段的最佳实践。我们对数据做标准化处理，并采用 SVR 模型：

```
>>> dataset = datasets.load_diabetes()
>>> X, y = dataset.data, dataset.target
>>> num_new = 30 # the last 30 samples as new data set
>>> X_train = X[:-num_new, :]
>>> y_train = y[:-num_new]
```

```
>>> X_new = X[-num_new:, :]
>>> y_new = y[-num_new:]
```

使用缩放特征来预处理训练数据：

```
>>> from sklearn.preprocessing import StandardScaler
>>> scaler = StandardScaler()
>>> scaler.fit(X_train)
```

现在，用 pickle 保存数据标准化后得到的 scaler 对象：

```
>>> import pickle
>>> pickle.dump(scaler, open("scaler.p", "wb" ))
```

上述代码生成 scaler.p 文件。我们接着用缩放后的数据训练 SVR 模型：

```
>>> X_scaled_train = scaler.transform(X_train)
>>> from sklearn.svm import SVR
>>> regressor = SVR(C=20)
>>> regressor.fit(X_scaled_train, y_train)
```

用 pickle 保存训练好的回归器[①]regressor 对象：

```
>>> pickle.dump(regressor, open("regressor.p", "wb"))
```

上述代码生成 regressor.p 文件。在部署阶段，我们先从之前保存的两个文件加载标准器和回归器：

```
>>> my_scaler = pickle.load(open("scaler.p", "rb" ))
>>> my_regressor = pickle.load(open("regressor.p", "rb"))
```

然后，用刚加载的标准器预处理新数据，用回归器预测：

```
>>> X_scaled_new = my_scaler.transform(X_new)
>>> predictions = my_regressor.predict(X_scaled_new)
```

8.5.2 最佳实践 17——监控模型性能

到该阶段，机器学习系统已搭建完毕并可运行。为确保一切正常，需定期检验模型的

---

① 这里的"器"指的是模型。——译者注

性能。在实时预测之余，我们还应该同时记录真值。

接着看糖尿病数据建模这个例子，我们用以下代码来检查模型的性能：

```
>>> from sklearn.metrics import r2_score
>>> print('Health check on the model, R^2:
    {0:.3f}'.format(r2_score(y_new, predictions)))
Health check on the model, R^2: 0.613
```

我们应该将模型的性能记到日志中。若系统监测到模型性能衰减，应及时发出警报通知我们。

8.5.3   最佳实践 18——定期更新模型

模型的性能若越来越差，很可能是数据的模式发生了变化，解决方法是更新模型。模型可用新数据集（线上更新）或完全用最近的数据重新训练。具体采用哪种方式，取决于模型是否支持线上学习。

8.6   小结

本章作为本书的最后一章，旨在帮你做好处理真实机器学习问题的准备。我们先介绍了机器学习方案的通用工作流：准备数据，生成训练集，训练、评估和选择算法，部署和监控系统。我们接着深入讲解了以上 4 个阶段的常见任务、难点和最佳实践。

熟能生巧。最重要和最好的实践是实践自身。请从一个真实项目开始，逐渐加深你对 Python 机器学习的理解，并用上从本书学到的知识和技能。